# 衢六味
# 中药材栽培技术

朱卫东　余文慧　舒佳宾　雷　俊　主编

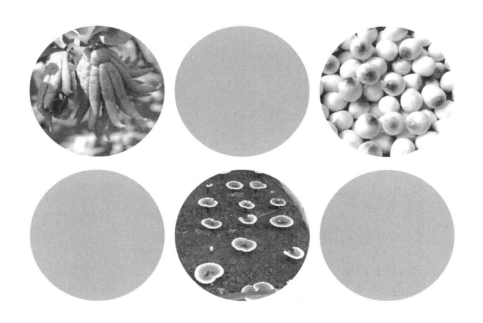

中国农业出版社

北 京

# 编委会

**BIAN WEI HUI**

主　编：朱卫东　衢州市农业林业科学研究院
　　　　余文慧　衢州市农业林业科学研究院
　　　　舒佳宾　衢州市农业农村局
　　　　雷　俊　衢州市农业林业科学研究院

副主编：周爱珠　衢江区农业特色产业发展中心
　　　　崔文浩　衢州市农业林业科学研究院
　　　　江德权　衢州市农业林业科学研究院
　　　　王佳俊　衢州市农业林业科学研究院
　　　　陈　旭　金华市农业林业科学研究院
　　　　汪丽霞　常山县胡柚研究院
　　　　毛莉华　衢州市农业特色产业发展中心
　　　　许竹微　衢州市农业林业科学研究院
　　　　李建忠　衢江区农业农村局
　　　　徐　舒　衢州市柯城区农业农村局
　　　　沈文英　玉环市农业技术服务中心

参　编：唐　鹏　王家强　程　萱　刘卫华　叶为诺
　　　　徐晓强　汪建刚　周卸才　吕国华　黄永明
　　　　周小燕　肖乾皇

# 目录

**第一章**

## 白花蛇舌草 / 1

第一节 概况 / 1
第二节 植物识别 / 1
第三节 生长特点 / 2
第四节 关键技术 / 2
第五节 产品加工 / 5

**第二章**

## 黄 精 / 6

第一节 概况 / 6
第二节 植物识别 / 6
第三节 生长特点 / 7
第四节 关键技术 / 8
第五节 产品加工 / 12

**第三章**

## 白 及 / 13

第一节 概况 / 13
第二节 植物识别 / 13
第三节 生长特点 / 14
第四节 关键技术 / 15
第五节 产品加工 / 17

## 第四章

### 猴头菇 / 19

第一节 概况 / 19
第二节 植物识别 / 19
第三节 生长特点 / 20
第四节 关键技术 / 22
第五节 产品加工 / 27

## 第五章

### 衢枳壳 / 29

第一节 概况 / 29
第二节 植物识别 / 30
第三节 生长特点及关键技术 / 30
第四节 产品加工 / 34

## 第六章

### 衢陈皮 / 36

第一节 概况 / 36
第二节 植物识别 / 36
第三节 生长特点及关键技术 / 37
第四节 产品加工 / 42

## 附录

### "婺八味" / 43

参考文献 / 56

# 第一章　白花蛇舌草

白花蛇舌草，又名蛇舌草、蛇舌癀、蛇针草、蛇总管、二叶葎、白花十字草、尖刀草、甲猛草、龙舌草、蛇脷草、鹤舌草等，为茜草科耳草属1年生草本植物。制成药材后，全草扭缠成团状，灰绿色至灰棕色。近年来，由于野生资源日益减少，其市场出现缺口，价格不断上升，人工种植前景较好。

## 第一节　概况

### 一、药用价值

白花蛇舌草全草均可入药。其味甘、淡，性寒凉，入胃、大肠、小肠经。具有清热解毒，利湿通淋的功效，可用于痈肿疮毒、咽喉肿痛、毒蛇咬伤等症。近年来，也被用于癌症的治疗。

### 二、栽培区域

白花蛇舌草主要产于福建、广东、广西、云南、浙江、江苏、安徽等省份。生长于潮湿的田边、沟边、路旁和草地。据《衢州市志》记载，1993年衢州市白花蛇舌草年产量就有10吨。近年来，在衢州地区推广栽培，现人工种植面积约2 000亩*，年产量约1 000吨，年产值约1 000万元，主要集中在开化等区域。

## 第二节　植物识别

白花蛇舌草为1年生披散草本，高15～50厘米。茎略带方形或扁圆柱形，光滑无毛，从基部发出多分枝。叶对生，无柄，膜质，线形，长1～3

---

* 亩为非法定计量单位。1亩≈666.667米$^2$。——编者注

厘米，宽1～3毫米，顶端短尖，边缘干后常背卷，上面光滑，下面有时粗糙；中脉在上面，下陷，侧脉不明显；托叶膜质，基部合生成鞘状，长1～2毫米，尖端芒尖。花单生或成对生于叶腋，常具短而略粗的花梗，少数无梗；萼筒球形，4裂，裂片长圆状披针形，长1.5～2毫米，顶部渐尖，具缘毛；冠管长1.5～2毫米，喉部无毛，花冠裂片卵状长圆形，长约2毫米，顶端钝；花4数，单生或双生于叶腋；花梗略粗壮，长2～5毫米，罕无梗或偶有长达10毫米的花梗；花冠白色，漏斗形，长3.5～4毫米，先端4深裂，裂片卵状长圆形，长约2毫米，秃净；雄蕊4枚，着生于冠筒喉部，与花冠裂片互生，花丝扁，花药卵形，背着，2室，纵裂；子房下位，2室；花柱长2～3毫米，柱头2裂，裂片广展，有乳头状凸点。蒴果扁球形，直径2～2.5毫米，室背开裂，花萼宿存。种子每室约10粒，细小，具3个棱角，干后深褐色，有深而粗的窝孔。花期7—9月，果期8—10月。

# 第三节　生长特点

## 一、生长特征

白花蛇舌草喜温暖湿润环境，怕旱、怕涝。对土壤要求不严，但以疏松肥沃、富含有机质的沙质壤土为好，重黏土、低洼地不宜种植。

## 二、环境条件

白花蛇舌草生长于海拔800米左右的地区，常见于水田、田埂和湿润的空旷地。

# 第四节　关键技术

## 一、选地整地

白花蛇舌草种植应选择地势偏低、光照充足、排灌方便、土壤疏松肥沃的地块。每亩施腐熟的农家肥500千克，或复合肥50千克和磷肥50千克作基肥，将基肥均匀撒入土内，浅耕细耙，开沟作畦，畦宽1米，畦沟深25厘米，畦面呈龟背形，以便排灌。

## 二、大田栽种

### （一）繁殖方法

白花蛇舌草目前主要为野生转家种，一般采集野生种子进行繁殖。繁殖方法有育苗移栽和直播两种，目前多采用直播。

### （二）播种时间

播种时间可分为春播和秋播，春播的作商品，秋播的既可作商品又可留种，春播以3月下旬至5月上旬为佳，春播收获后可在原地连播，也可留根发芽栽培。秋播于8月中下旬进行。1亩地一般需要种子1千克。

### （三）播前处理

由于白花蛇舌草种子细小，又包含在果实中，为了提高出苗率，播种前应进行种子处理。具体方法：将白花蛇舌草的果实放在水泥地上，用橡胶或布包的木棒轻轻摩擦，脱去果皮及种子外的蜡质，然后用数倍的细土拌细小的种子，有利于播种均匀。

### （四）播种方法

白花蛇舌草播种分条播和撒播两种。条播：行距为30厘米。撒播：将带种子的细土均匀播在畦面上，稍压或用竹扫帚轻拍。在播种后覆盖一层薄稻草，白天遮阳，晚上揭开，直至出苗后长出4片叶为止，或播种后将猪栏肥薄薄盖在畦面并留有空间，既遮阳，又使土壤疏松，有利于出苗，早晚喷浇1次水，保持畦面湿润，但不要积水。秋播，畦面要用稻草覆盖，防止暴晒影响出苗，待苗长出4片叶时，揭去遮盖的稻草。秋季如留根繁殖，不需要遮阳，畦沟里应灌满水，以畦面湿润不积水为佳。

## 三、田间管理

### （一）间苗及除草

幼苗出土后应结合松土除草进行间苗，在苗高8～10厘米时，按行株距20厘米×10厘米左右定苗，植株尚未封行之前应勤除杂草，并追浇1次稀薄人畜粪水，植株长大封行后不再除草，以免锄伤植株。白花蛇舌草齐苗后注意中耕除草。干旱天气立即浇水，阴雨天气及时排水。

## （二）排灌

播种后应保持土壤湿润，但忌畦面积水，雨后有积水要及时排除；高温期间应在沟内灌水，起到降温和防止植株烧伤作用。在白花蛇舌草生长期间，水的管理是关键，既要防旱，又要防涝，果期可停止灌溉。

## 四、施肥

白花蛇舌草生长期较短，需要重施基肥，以农家肥为主。实践证明，人畜粪既能疏松土壤，又能促进植物生长，因此在苗高10厘米左右时，每亩用人畜粪500千克，加入5倍水泼浇，中期根据植株长势，不定期追施人畜粪水，因白花蛇舌草苗嫩，追肥时要掌握浓度，以防烧灼。如果收获2次，在第一次收割后，每亩追施2次稀薄人畜粪水或尿素15千克，待苗高10厘米左右再适量施人畜粪水，如果植株刚开花时长势不好，可增施1次粪肥。

## 五、病虫害防控

白花蛇舌草为野生转人工栽培，抗病虫害能力较强，目前尚未发现危害较重的病害，常见虫害有地老虎、日本雀天蛾幼虫。

### （一）地老虎

生长期发现地老虎可采用毒饵诱杀或药剂喷雾防治。方法：一是用敌百虫拌炒香的豆饼或麦麸，做成毒饵诱杀；二是用2.5%溴氰菊酯3 000倍液喷雾，用药2次，安全间隔期在14天以上。

### （二）日本雀天蛾

在花果盛期发生日本雀天蛾，可进行药剂防治或诱捕成蛾防治。幼虫危害期喷施50%辛硫磷乳油1 000倍液，或40%毒死蜱乳油1 500倍液，安全间隔期15天以上；成虫危害期可悬挂黑光灯，诱捕成蛾。

## 六、采收

白花蛇舌草根据播种时间1年可收割2次，春播收获期在8月中下旬，秋播收获期在11月上中旬。在果实成熟时，选晴天齐地面割取地上部分即可。

# 第五节 产品加工

白花蛇舌草除去杂质和泥土，晒干即为商品，一般每亩可收干品300～350千克。晒干后的白花蛇舌草成品为带根的干燥全草，扭缠成团状，表面灰绿色至灰棕色，有主根1条，粗2～4毫米，须根纤细，淡灰棕色；茎细高卷曲，质脆易折断，中央有白色髓部；叶为狭长线形，革质，多破碎，极皱缩，易脱落；有托叶，长1～2毫米。闻之气微，口尝味淡。

雨水多时，如果没有及时排水，会造成田内大量积水，可能引发根腐病、霉菌病和叶斑病。

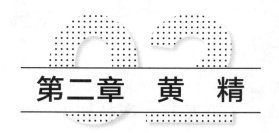

# 第二章 黄精

黄精，又名老虎姜、鸡头参、黄鸡菜、节节高等，为百合科植物黄精、多花黄精或滇黄精的干燥根茎。按形状不同，习称"大黄精""鸡头黄精""姜形黄精"。

## 第一节 概况

### 一、药用价值

黄精性味甘平，有滋肾润肺、补脾益气的功效，常用来治疗阴虚肺燥、脾胃虚弱、肾虚精亏引发的干咳劳嗽、食少倦怠、腰膝酸软、头晕及发须早白等症。冬季养生进补，以养阴填精、益肺脾肾为要，选黄精较为适宜。《本草纲目》记载"时珍：曰黄精为服食要药"。春、秋两季采挖，除去须根，洗净，置沸水中略烫或蒸至透心，干燥，黄精温补平补，且蒸煮后除去涩感，味道甜，所以可用黄精泡茶、泡酒或煲汤，用于补气健肾。

### 二、栽培区域

大黄精主产于河北、内蒙古、陕西等省份。多花黄精主产于贵州、湖南、云南、安徽、浙江等省份。滇黄精主产于贵州、广西、云南等省份。黄精在衢州各县（区）均有广泛分布，野生资源多、品质优，以长梗黄精居多。在政府的引导和市场的推动下，近几年，衢州地区开始尝试人工种植。目前，已有人工种植黄精6 000多亩，年产量约1 200吨，年产值约7 000万元，开发了黄精酒、食品黄精等衍生产品。

## 第二节 植物识别

### 一、大黄精

大黄精为多年生草本植物，高50～90厘米，偶可在1米以上。根茎横走，圆柱状，由于结节膨大，所以节间一头粗、一头细，粗的一头直径可达2.5厘米；肉淡黄色，先端有时突出似鸡头状。茎直立，上部稍呈攀缘状。叶轮生，无柄，每轮4～6叶，线状披针形，长8～15厘米，宽0.4～1.6厘米，先端渐尖并拳卷。花腋生，2～4朵集成伞形花序，下垂，总花梗长1～2厘米；花被筒状，白色至淡黄色，全长9～13毫米，裂片6片，披针形，雄蕊6枚，着生在花被筒1/2以上处，长0.5～1毫米，花柱长为子房的1.5～2倍。浆果球形，成熟时呈紫黑色。花期5—6月，果期7—9月。

## 二、多花黄精

多花黄精为多年生草本。根茎横走，肥厚，通常稍带结节状或连珠状，直径1.2～2厘米。茎高40～100厘米，上部稍外倾，通常具叶10～15片。叶互生，无柄或几无柄；叶片卵状椭圆形至长圆状披针形；上面绿色，下面灰绿色，具3～5条隆起的平行叶脉。花腋生，花梗着花2～7朵，在总花梗上排列成伞形花序；花被筒状，淡黄色至绿白色，全长18～25毫米，顶端具6片裂片，裂片三角状卵形；花丝有小乳突或微毛，顶端膨大至具囊状突起。雄蕊6枚；子房近球形，浆果成熟时呈红色或紫红色。

## 三、滇黄精

滇黄精为多年生草本。根茎肥大，略呈块状或结节状膨大，直径1～3厘米。茎高1～3米，顶端常作缠绕状。叶轮生，无柄，每轮通常4～8叶，叶片线形至线状披针形，长6～20厘米，宽0.3～3厘米，先端渐尖并拳卷。花腋生，下垂，通常2～4朵形成短聚伞花序，花梗基部有膜质小苞片，花被筒状，通常粉红色，全长18～25毫米，雄蕊着生在花被筒1/2以上处，花柱长10～14毫米，为子房长的2倍以上。浆果球形，成熟时呈红色。

# 第三节　生长特点

## 一、生长特征

黄精野生于阴湿的山地灌木丛及林边草丛中，耐寒、怕干旱。幼苗能在田间越冬，但不宜在干燥地区生长。种子发芽时间较长，发芽率为60%～70%，种子寿命为2年。

7

## 二、环境条件

黄精属阴性植物，喜温暖、湿润环境，稍耐寒，怕干旱，以疏松、肥沃、湿润且排水良好的沙质壤土或腐殖土为宜。

# 第四节　关键技术

## 一、选地整地

选择比较湿润、肥沃的林间地或山地，林缘地最为合适，要求元积水、盐碱影响，以肥沃、疏松、富含腐殖质的沙质壤土为最好，土薄、干旱和沙质土地不适宜种植。整地要求：土壤深翻30厘米以上，整平耙细后作畦。一般畦面宽1.2米，畦长10～15米，畦面高出地平面10～15厘米。在畦内施足底肥，每亩施优质腐熟农家肥2 000千克，均匀施入畦床土壤内，再深翻30厘米，使肥土充分混合后，整平耙细，待播。

## 二、繁殖方法

黄精生产可用根茎繁殖，也可用种子繁殖。播种期分春播和秋播。春播在清明前后，秋播在立冬前后。

### （一）根茎繁殖

留种栽田：选择健壮、无病虫害的1～2年生植株，于秋季或早春挖取根状茎，秋季挖取的需妥善保存，早春采挖直接取5～7厘米长小段，芽段2～3节，然后用草木灰处理伤口，稍浆干后，即可进行栽种。用根茎繁殖的，在当年9月至翌年3月出苗前均可种植，以9月下旬至10月上旬种植最佳，在整好的畦面上按行距25厘米开横沟，沟深8～10厘米，将种根芽眼向上，顺垄沟摆放，每隔10～12厘米平放一段。覆盖细肥土5～6厘米厚，踩压紧实，对土壤墒情差的田块，栽后浇1次透水。

### （二）种子繁殖

选择生长健壮、无病虫害的2年生植株留种，加强田间管理，秋季浆果变黑成熟时采集。冬前湿沙低温处理：在院落向阳背风处挖一深坑，深40厘米，宽30厘米，将1份种子与3份细沙充分混拌均匀，沙的湿度以手握之成团、落地即散、指间不滴水为宜，将混有种子的湿沙放入坑内，中央插一把麦秸草，以利透气。然后用细沙覆盖，保持坑内湿润，经常检查，防止落干和鼠害，待翌年春季4月初取出种子，筛去湿沙后播种。在整好的苗床上按行距15厘米开沟（深3～5厘米），将处理好（催芽）的种子均匀播入沟内。覆土厚度2.5～3厘米，稍加踩压，保持土壤湿润，土地墒情差的地块，播种后浇1次透水，然后插拱条，盖塑料薄膜，加强拱棚苗床管理，及时通风、炼苗。苗高3厘米时，昼敞夜覆，逐渐撤掉拱棚，及时除草、浇水，促使小苗健壮成长。苗高6～9厘米时，过密处可适当间苗，1年后移栽。为满足黄精生长所需的荫蔽条件，可在畦埂上种植玉米。

## 三、大田栽种

用种子繁殖的种苗在当年秋后或翌年春移栽。大田种植时，以行距35～40厘米、株距15～20厘米为宜，穴底挖松整平，每亩施入基肥3 000千克。每穴2株，覆土压紧。然后将育成苗栽入穴内，浇透水后封穴，确保成活率。每亩8 000～10 000株，林下套种以每亩3 000株及以上为宜。

## 四、田间管理

### （一）中耕除草

在黄精植株生长期间要经常中耕锄草，每年于4、6、9、11月各进行1次，每次宜浅锄并适当培土，以免伤根，促使壮株。后期拔草即可。

### （二）合理追肥

每年4—7月，结合中耕追肥1～2次，每次每亩施用土杂肥1 000～1 500千克。冬前，每亩施优质农家肥1 200～1 500千克、过磷酸钙50千克及饼肥50千克，混合拌匀后于行间开沟施入，施后覆土盖肥，然后浇水，加速根的形成与成长。

### （三）遮阳保温

黄精喜阴，应于立夏前后适当间作些高秆作物以遮阳，或用透光率在30%～40%的遮阳网搭建荫棚遮阳，荫棚高2米，四周通风。到10月中旬左右，除去荫棚，入冬前覆盖稻草、茅草或山核桃蒲壳等保温。

### （四）适时排灌

黄精喜湿怕旱，田间要经常保持湿润状态，若遇干旱或种在较向阳、干旱地方的，需要及时浇水，但在雨季要及时排涝，防止积水，以免烂根。

### （五）摘除花朵

黄精的花果期持续时间较长，并且每一茎枝节腋生多个伞形花序和果实，会消耗大量的营养成分，影响根茎生长。为此，要在花蕾形成前及时将花芽摘去，以促进养分集中转移到收获物根茎部，提高产量。

## 五、病虫害防控

### （一）病害

**1. 黑斑病**

（1）识别特征。黑斑病为黄精主要病害，病原为真菌中的一种半知菌，多于春、夏、秋发生，危害叶片。发病初期，叶片从叶尖开始出现不规则黄褐色斑，病健部交界处有紫红色边缘；以后病斑向下蔓延，雨季则更严重。病部叶片枯黄。

（2）防控措施。收获时清园，消灭病残体；发病前及发病初期喷1∶1∶100倍波尔多液，或50%退菌特可湿性粉剂1 000倍液，每7～10天施1次，连续施用数次。

**2. 叶斑病**

（1）识别特征。叶斑病主要危害叶片。发病初期，由基部开始，叶面出现褪色斑点，后病斑扩大呈椭圆形或不规则形，大小为1厘米$^2$左右，中间淡白色，边缘褐色，靠健康组织处有明显黄晕，病斑形似眼状。病情严重时，多个病斑汇合，引起叶枯死，并可逐渐向上蔓延，最后全株叶片枯死脱落。

（2）防控措施。以预防为主。入夏时可喷洒1∶1∶100倍波尔多液，或65%代森锌可湿性粉剂500～600倍液，每隔5～7天施1次，连续施用2～3次。

**3. 炭疽病**

（1）识别特征。炭疽病主要危害叶片，果实亦可感染。感病后叶尖、叶缘先出现病斑。初为红褐色小斑点，后扩展成椭圆形或半圆形，黑褐色，病斑中部稍微下陷，常穿孔脱落，边缘略隆起，呈红褐色，外围有黄色晕圈，潮湿条件下病斑上散生小黑点。

（2）防控措施。收获时清园，消灭病残体；发病前及发病初期喷1∶1∶100倍波尔多液，或50%退菌特可湿性粉剂1 000倍液，或50%多菌灵可湿性粉剂1 000倍液，每7～10天施1次，连续施用数次。

#### 4.根腐病

（1）识别特征。根腐病病菌主要侵染根部，病菌属于镰刀菌属，为半知菌，发病初期，根部产生水渍状褐色坏死斑，严重时整个根内部腐烂，仅残留纤维状维管束，病部呈褐色或红褐色。湿度大时，根茎表面产生白色霉层（即分生孢子）。根部腐烂病株易从土中拔起。发病植株随病害发展，地上部生长不良，叶片由外向里逐渐变黄，最后整株枯死。

（2）防控措施。可使用铜制剂或甲霜·噁霉灵、多菌灵等进行土壤消毒。

#### 5.茎腐病

（1）识别特征。受害植株由下部叶片向上逐渐扩展，呈现青枯症状（即青灰色，似开水烫过），最后全株显症，很容易与健株区别。有的病株出现急性症状，没有明显的由下而上逐渐发展的过程，这种情况在雨后乍晴时较为多见。从始见病叶到全株显症，一般需1周左右，短的仅需1～3天，长的可达15天以上，病株茎基部较软，内部空松（手捏即可辨别）。遇风易倒折。植株根系明显发育不良，根少而短，变黑、腐烂。剖茎检查，髓部空松，根、茎基和髓部可见红色病症。

（2）防控措施。可使用铜制剂或甲霜·噁霉灵、多菌灵等进行土壤消毒。

### （二）虫害

#### 1.蛴螬

（1）识别特征。蛴螬属鞘翅目金龟甲科。以幼虫危害，咬断幼苗或啃食苗根，造成断苗或根部空洞，危害严重。

（2）防控措施。可用75%辛硫磷乳油按种子量0.1%拌种；田间发生期，用90%晶体敌百虫1 000倍液浇灌。

#### 2.地老虎

（1）识别特征。地老虎危害幼苗及根状茎。

（2）防控措施。可用75%辛硫磷乳油按种子量0.1%拌种；田间发生期，用90%晶体敌百虫1 000倍液浇灌；用黑光灯或毒饵诱杀成虫；施用的粪肥要充分腐熟，最好用高温堆肥。

## 六、留种与采收

### （一）留种

黄精可采用根茎及种子繁殖，但生产上以根茎繁殖为佳，于晚秋或早春3月下旬前后，选取健壮、无病的植株挖取地下根茎作为繁殖材料，可直接种植。

## (二) 采收

采收用根茎繁殖的黄精需2～3年，用种子繁殖的黄精需3～4年。一般春、秋两季采收，以秋季采收质量好。可于9月下旬植株地上部枯萎时，选晴天采收，将地下根茎刨出，抖去泥土，剪去茎秆，去净泥土和茎叶须根。

# 第五节　产品加工

将黄精洗净放入蒸笼内，蒸至呈现油润时，取出晒干或烘干，或置水中煮沸后，捞出晒干或烘干，即可入药出售。每亩产量300～500千克。

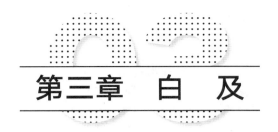

# 第三章 白 及

白及为兰科白及属植物，别名白根、地螺丝、白鸡娃、羊角七、紫兰、刀口药、连及草等。近年来，野生白及私挖滥采情况严重，其产量和品质呈逐年下降趋势。人工栽培白及不仅可以获取效益回报，对野生资源也是一种有效的保护。

## 第一节 概况

### 一、药用价值

白及以干燥块茎入药。性微寒，味苦、甘、涩，具收敛止血、消肿生肌等功效，主治肺结核咯血、支气管扩张咯血、胃溃疡吐血、尿血、便血等症；外用治外伤出血、烧烫伤、手足皲裂等症。白及止血效果特别好，用白及制成的胶膜块，用于肝脾手术（贴在刀口处，代替止血钳），效果较好。具有快速凝血作用，可作为血浆代用品，多用于外科手术。

### 二、栽培区域

白及原产于我国，主产于贵州、云南、四川、陕西、甘肃等省份，在长江流域及以南方各省份亦有分布。衢州市作为浙江省内白及综合水平领先的地级市，年产各类种苗5 000余万株，不仅具有系列化供应白及组培苗、驯化苗、种子苗、块茎苗能力，还广泛供应种苗至云南、陕西等10多个省份，是全国最大的白及种苗生产供应基地。全市人工种植面积约3 000亩，年产值约6亿元。

## 第二节 植物识别

白及是多年生草本，高30～60厘米。块茎肉质，白色，具2～3叉，呈菱角状，有须根，常数个并生，其上有多个同心环形叶痕，似"鸡眼"，又像"螺丝"。叶3～6片，阔披针形至长圆状披针形，长15～40厘米，宽2.5～5厘米，全缘，向上渐狭窄，基部有管状鞘，环抱茎上。总状花序顶生，有花

4～10朵，长4～12厘米，花序轴蜿蜒状；苞片长圆状披针形，长1.5～2.5厘米，早落；花玫瑰紫色，直径3～4厘米，萼片长圆状披针形，长2.5～3厘米，花瓣长圆状披针形，长约2.5厘米，唇瓣倒卵形，内面有纵线5条，上部3裂，中间裂片长圆形，边缘波纹状；雄蕊与花柱合成一蕊柱，和唇瓣对生，花粉块长圆形。蒴果圆柱状，长约3.5厘米，直径约1厘米，有纵棱6条，两端稍尖；种子微小，多数。花期4—6月，果期7—9月。有大种、小种之分，其中以大种块茎产量较高。

白及还有一种花黄白色、叶条状披针形的，称狭叶白及。

# 第三节　生长特点

## 一、生长特性

白及喜温暖、湿润的气候环境，怕高温、多湿环境，不耐寒。喜凉爽气候，耐阴性强，忌强光直射，夏季高温干旱时叶片容易枯黄。半阳地也可栽培，但干旱、高温会使叶片枯萎、变黄。野生的分布在丘陵和低山地区的溪河两岸、山坡草丛中及疏林下。人工栽培的一般种植于疏松、肥沃的沙质壤土和腐殖土，在排水良好的山地栽种时，宜选阴坡生荒地栽植。

## 二、环境条件

### （一）气候

#### 1.温度

白及喜欢温暖气候，但夏季高温、闷热（35℃以上，空气相对湿度在80%以上）的环境不利于它的生长；对冬季温度要求很严，环境温度在10℃以下便停止生长，在霜冻出现时不能安全越冬。

#### 2.光照

白及耐阴性强，忌强光直射，高温时节（白天温度在35℃以上），在直射光下，生长十分缓慢或进入半休眠的状态，并且叶片也会被灼伤而慢慢地变黄、脱落。因此，在高温时要适当遮阳。在春、秋、冬3季，由于温度不是很高，可阳光直射，以利于它进行光合作用，形成花芽、开花、结实。

### （二）土壤

白及要求较肥沃、疏松而排水良好的沙质壤土或腐殖土，或阴坡和较阴湿的地块。在山地栽种时，宜选阴坡生荒地。

# 第四节　关键技术

## 一、选地整地

选择土层深厚、肥沃疏松、排水良好、富含腐殖质的沙质壤土以及阴湿的地块种植。前一季作物收获后，翻耕土壤20厘米以上，每亩施入腐熟厩肥或堆肥1 500 ～ 2 000千克，翻入土中作基肥。栽植前浅耕1次，拣尽石头、杂草、树根，然后整细耙平，作畦。一般畦宽120厘米，畦沟宽30厘米，沟深25厘米，畦面瓦背状，四周开好排水沟，待播。干旱地区要在耕翻前灌水，使土壤有一定的湿度。

## 二、大田栽种

可春栽或秋栽，以秋栽为好，秋栽的白及，翌年出苗早，植株生长健壮。但若繁殖材料已开始发芽，则不宜栽种。

### （一）春栽

3月初将白及挖出，选择大小中等、芽眼多、无病的块茎，用刀横切成小块，每块带2 ～ 3个芽，伤口沾草木灰后栽种。用锄开沟，沟距25厘米，深10厘米，按株距7 ～ 8厘米播种，每处放块茎1个，芽向上，填土，压实，浇水，覆草，经常保持潮湿，4月出苗。

### （二）秋栽

9—10月白及收获时，选择当年生具有老秆和嫩芽、无虫蛀、无采挖伤者作种植材料，随挖随栽。栽种的块茎分切成小块，每块需有芽1 ～ 2个。在整好的地上开宽1米左右、高30厘米左右的畦，按行距约30厘米、穴距30厘米左右挖穴，深10厘米左右，底要平。将具嫩芽的块茎分切成小块，每块需有芽1 ～ 2个，每窝栽种茎3个，平摆于穴底，各个茎秆靠近，芽嘴向外，成三角形错开。栽后覆细肥土或火灰土，浇一次腐熟稀薄人畜粪水，然后盖土与畦面齐平。每亩用种苗100千克左右，大约6 000株。

## 三、田间管理

### （一）中耕除草

白及植株矮小，压不住杂草，故要注意中耕除草，一般每年4次。第一次在3—4月白及苗出齐后；第二次在6月生长旺盛时，此时杂草生长快，白及幼苗矮小，要及时除尽杂草，避免草荒；第三次在8—9月；第四次在收获间作作物时，结合收获浅锄畦面，铲除杂草。每次中耕都要浅锄，以免伤芽伤根。

### （二）水分管理

白及喜阴湿环境，栽培地要经常保持湿润，遇干旱天气及时浇水。7—9月干旱时，早晚各浇1次水。白及怕涝，雨季或每次大雨后及时疏沟，排除多余的积水，避免烂根。

### （三）越冬保护

对当年不收获的白及要加强越冬保护，通常是覆土或施充分腐熟的农家肥后再覆土，使其安全越冬。

### （四）施肥

白及喜肥，应结合中耕除草，每年追肥3～4次。第一次在3—4月齐苗后，每亩施硫酸铵4～5千克，兑腐熟清淡粪水施用；第二次在5—6月生长旺盛期，每亩施过磷酸钙30～40千克，拌充分沤熟后的堆肥，撒施在厢面上，中耕混入土中；第三次在8—9月，每亩施入腐熟人畜粪水拌土杂肥2 000～2 500千克。

## 四、繁殖材料贮藏

在9—10月收获时，选具有老杆和嫩芽的当年生块茎作种用，将种用块茎贮藏至翌年春季栽种。贮存方法：将挖出的白及块茎置通风干燥处晾数日，然后将1份块茎与2～3倍清洁、稍干的细河沙混合贮藏于屋内通风、阴凉、干燥的角落。少数种用块茎可与细沙混合后装入木箱内贮藏。箱顶不要加盖，并注意经常检查，发现霉变及时处理。

## 五、病虫害防控

### （一）病害

#### 1.块茎腐烂病

（1）识别特征。白及患病块茎呈水渍状腐烂，至根部变黑死亡，地上部茎叶出现褐变长形枯斑，重者全叶褐变、枯死。

（2）防控措施。主要采取农业措施进行防治，即改良土壤促使白及良好生长，在第一年栽种前做好种用块茎的药剂处理，减轻病害发生。

**2.叶褐斑病**

（1）识别特征。患病植株的叶缘叶尖向下呈黄褐色云纹状病斑，一般成叶易受害，初生心叶不易受害。少数患病较重的植株整片叶受害枯死，但同株相邻叶片仍能正常生长。

（2）防控措施。秋后彻底清除田间枯枝落叶集中烧掉，加强田间管理；发病前喷1次1∶1∶100倍波尔多液保护；发病初期，可选喷50%异菌脲可湿性粉剂800倍液，或50%多菌灵可湿性粉剂600倍液，或65%代森锌可湿性粉剂600倍液等药剂，连续喷2～3次，间隔10天。

## （二）虫害

**1.菜蚜**

（1）识别特征。菜蚜主要以吸取汁液的方式危害刚长出的花梢，使其萎缩、畸形。

（2）防控措施。在白及花期，菜蚜以施药防治为主，即在4月中旬至5月初有菜蚜危害时，喷施吡虫啉等农药可有效控制菜蚜发生。

**2.地老虎**

（1）识别特征。低龄幼虫在植物的地上部危害，取食子叶、嫩叶，造成孔洞或缺刻。中老龄幼虫白天躲在浅土穴中，晚上出洞取食植物近土面的嫩茎，使植株枯死，造成缺苗断垄，甚至毁苗重播，直接影响生产。

（2）防控措施。可用少量樟脑粉兑水喷雾驱赶，或人工捕杀和诱杀，或拌毒土撒施在苗床上，或用50%辛硫磷乳油700倍液浇灌苗床。

# 六、采收

栽种后，于第四年9—10月茎叶枯黄时采收。此时地下块茎已长成8～12个，相当拥挤，过迟采收会生长不良。采挖时，先清除地上残茎枯叶，用锄头从块茎下面平铲，把块茎连土一起挖起，抖去泥土，不摘须根，单个摘下，先选留具老秆的块茎作种，然后剪去茎秆，放入箩筐内。要注意勿将白及挖伤或挖破。

# 第五节　产品加工

将白及块茎置清水中浸泡1小时后，用足踩去粗皮和泥土，准备加工。

加工方法主要有笼蒸法和水煮法2种。

## 一、笼蒸法

将水倒入置有空蒸笼的锅中，大火烧沸，将白及放进蒸笼里蒸15～20分钟，以蒸至刚熟过心为度。取出放于烘烤架上烘烤。烘烤温度保持在55～60℃，经常翻动。也可白天曝晒，夜晚再烘烤。若遇阴雨天，烘干即可。然后放入箩筐内来回撞击，去净粗皮与须根，筛去灰渣即成。

## 二、水煮法

把白及投入沸水中煮10～15分钟，以熟过心为宜。捞出，沥干水，烘烤。烘烤方法与笼蒸法相同。

一般每亩采收鲜品800～1 000千克，可加工200～300千克商品白及。以个大、饱满、色白、味苦，嚼之有黏性，质坚实者为佳。贮于干燥通风处，防潮，防霉，注意防虫蛀。

# 第四章　猴头菇

　　猴头菇又称为猴头、猴头蘑、菜花菌、刺猬菌、对脸蘑、山伏菌等，为猴头菌科猴头菌属真菌。野生猴头菇多生长在柞树等树干的枯死部位，喜欢低湿度。

## 第一节　概况

### 一、药用价值

　　猴头菇性平、味甘。利五脏，助消化；具有健胃、补虚、抗癌、益肾精的功效。可治消化不良、胃溃疡、胃窦炎、胃痛、胃胀及神经衰弱等疾病。近年来，更引人注目的是其抗癌作用。有研究表明，猴头菇的提取物有一定的抗癌能力。

### 二、栽培区域

　　猴头菇主要出产于辽宁、吉林、黑龙江、河南、河北、西藏、山西、甘肃、陕西、内蒙古、四川、湖北、广西、浙江等地。其中以东北大兴安岭，西北天山和阿尔泰山，西南横断山脉和喜马拉雅山等林区尤多。20世纪80年代，常山猴头菇闻名全国，产量位居世界之首。90年代之前用瓶子进行猴头菇子实体培养，90年代后改用塑料袋栽培。2015年，常山猴头菇登记为国家农产品地理标志，"森力"牌猴头菇荣获第十三届中国国际农产品交易会金奖。目前衢州市年种植规模约750万袋，年产量约4 500吨，年产值约4 500万元。

## 第二节　植物识别

　　子实体是猴头菇的繁殖器官，通常为单生，肉质；新鲜时颜色洁白，或微带淡黄色，干燥后变成淡黄褐色，块状。直径3.5～10厘米，人工栽培的可达15厘米，甚至更大。子实体由许多粗短分枝组成，但分枝极度肥厚且短缩，互相融合，呈花椰菜状，仅中间有一小空隙，全体呈一大肉块状，基部狭窄，上部膨大，布满针状肉刺。肉刺上着生子实层，肉刺较发达，有的长达3厘米，下垂，初白色，后黄褐色。整个子实体像猴子的脑袋，色泽像猴子的毛，故称为猴头菇。

# 第三节 生长特点

## 一、生长特征

猴头菇菌丝体在试管斜面培养基上，初时稀疏，呈散射状，而后逐渐变得浓密粗壮，气生菌丝短，粉白色，呈绒毛状。放置时间略长，斜面上会出现小原基并长成珊瑚状小菌蕾。在木屑培养料中，开始深入料层时，菌丝比较稀薄，培养料变成淡黄褐色，随着培养时间的延长，菌丝体不断增殖，密集地贯穿于基质中，或蔓延于基质表面，浓密，呈白色或乳白色。在显微镜下，猴头菇菌丝细胞壁薄，有分枝和横隔，直径10～20微米，有时可见到锁状联合的现象。

## 二、环境条件

### （一）营养

猴头菇在其生长发育过程中，必须不断地从培养基中吸收所需要的碳水化合物、含氮化合物、无机盐类和维生素等。猴头菇的营养菌丝在生育过程中能分泌一些酶类，将培养基中的多糖、有机酸、醇、醛等分解成单糖，作为碳素营养；并通过分解蛋白质、氨基酸等有机物，吸收硝酸盐和铵盐等无机氮，作为氮素营养。许多含有纤维素的农副产品，如木屑、蔗渣、稻草、棉籽壳等都是栽培猴头菇的良好原料；但松、杉、柏等的木屑，因含有芳香油或树脂，未经处理不能利用。

猴头菇生长发育过程中还要有适宜的碳氮比，菌丝生长阶段以25∶1为宜；子实体生育阶段以（35～45）∶1为宜。此外，猴头菇在生长过程中还要吸收一定量的磷、钾、镁及钙等矿物质离子。为了有利于前期菌丝的生长，常在培养料中加少量葡萄糖或蔗糖，其在配方中所占比例一般不超过2%。培养基的含氮量以0.6%为宜，自然界树皮中氮含量较心材高，可满足菌丝生长需要。但人工代料栽培时需在木屑中加些麦麸或米糠。

### （二）温度

温度是猴头菇生长的主导因素。菌丝生长温度范围为12～33℃，以

25～28℃为宜，高于30℃生长缓慢，且菌丝体易老化，35℃以上停止生长。温度低则生长慢，但比较粗壮。置于0～4℃的低温条件下保存半年仍能旺盛生长。子实体在10～24℃都能生长，以16～20℃为宜，温度低发育慢，生长健壮、朵大，高于25℃生长缓慢甚至停止，即使能形成子实体也难长大。温度低于10℃时，子实体开始发红，随着温度的下降，色泽加深，无食用价值。

### （三）湿度

猴头菇生长需要的湿度有两个方面，一是培养基含水量。菌丝生长以培养基含水量65%～70%较好，当含水量低于50%或高于80%时，猴头菇原基分化数量显著减少，子实体晚熟，产量降低。二是空气相对湿度。菌丝培养发育阶段的空气相对湿度以70%为宜；子实体形成阶段则需要85%～95%，此时子实体生长迅速且洁白。湿度低于60%，不仅子实体的形成和发育受到抑制，而且颜色变黄，甚至很快枯萎干缩。空气相对湿度高于95%时，则菌刺过长，同时影响通气，易污染杂菌和产生畸形猴头菇。

### （四）空气

猴头菇菌丝体生长阶段对空气条件要求不严格，培养基中有微量空气即可满足。但在原基形成阶段，对二氧化碳的反应极为敏感，当菌蕾开始形成时，要加强培养室的通风换气，瓶栽的还应及时拔去棉塞或封口膜，否则子实体从基部分叉，并在主枝上多次分枝成珊瑚状畸形。若通气良好，则子实体生长快、球心大、形状好。

### （五）光照

猴头菇菌丝体生长阶段对光照条件的要求不是很严格，甚至能在完全黑暗的条件下生长。但子实体发育阶段需要一定的散射光。一般光照强度为200～400勒克斯时，子实体长得健壮洁白；过强的直射光会使子实体发育受阻，并出现颜色变红等不良情况。

### （六）pH

猴头菇属喜酸性菌类，菌丝中的酶系要在偏酸条件下才能分解为有机质。因此，只有在偏酸性培养基中，猴头菇才能正常生长发育，在弱碱性条件下则受强烈抑制，不仅菌丝生长缓慢，对原基的形成也有不良影响。一般pH在3～7时菌丝都能正常生长，但pH以4～6最适。配制培养基时，pH可在6左右，经消毒灭菌后，pH会自然下降。另外，菌丝生长时会分泌一些有机酸，使培养基pH降低。为防止培养基过度酸化，从而抑制自身生长，一般常在培养基里加1%石膏粉，既能为猴头菇提供钙质营养，又能对酸碱度起缓冲调节作用。

# 第四节　关键技术

猴头菇栽培工艺流程：原料准备→拌料→装袋→灭菌→接种→菌丝培养→催蕾→出菇期管理→采收。

## 一、季节安排

猴头菇属于中偏低温型菌类，子实体最适宜生长温度为15～18℃，栽培季节一般在春、秋两季。衢州地区适宜猴头菇发育的季节大致分为春分至小满（3月下旬至5月下旬）和寒露至小雪（10月上旬至11月下旬）两个时间段。各地的小气候不同，还应根据当地的气象资料进行综合分析、判断。由于猴头菌丝要经过20～30天才能由营养生长转入生殖生长，因此确定猴头发育期后，应向前推25～30天作为播种期。

## 二、品种选择

猴头菇栽培的品种很多，在生产中通常选择菌丝洁白、粗壮、子实体出菇早、球心大、组织紧密的品种。目前常见的猴头菇栽培品种有常山99、猴杂19、猴头11、猴头88、高猴1号、晋猴头96、猴头农大2号、猴杰1号、猴头8905、夏头1号等。

### （一）常山99

常山99属中温性真菌，菌丝生长温度10～33℃，最适温度25～28℃，出菇温度5～25℃，最适温度12～18℃。菌丝长满斜面7天，形成菌蕾12天，原基出瓶16天，子实体第一次采割25天。子实体结实，组织致密，抗病性强。该品种多采用长棒式栽培，9—12月接种，10月至翌年3月出菇。多选用适用于室内栽培的750毫升菌种瓶或14厘米×27厘米的聚丙烯塑料袋。出菇时，温度控制在12～18℃，湿度控制在85%～90%，菇房二氧化碳含量不超过1 000毫克/千克，保证有100勒克斯的散射光。

### （二）猴杂19

猴杂19最适发菌温度22～26℃，最适pH为4～5；发菌期30天，后熟期5～10天，后熟适宜温度18～22℃，栽培周期80～90天。栽培过程中菌丝可耐受最高温度32℃，最低温度0℃；子实体适宜生长温度15～25℃，可耐受最高温度30℃，最低温度10℃。原基形成不需要温差刺激，出菇温度15～32℃；子实体对二氧化碳的耐受性一般，菇潮明显，间隔期10天左右。栽培基质要求含水率65%，碳氮比20∶1。在浙江，9月至翌年2月为接种期，11月至翌年4月为出菇期。菌袋培养温度控制在22～24℃，约30天满袋；出菇时，温度控制在15～25℃，空气相对湿度控制在85%～90%，光照100勒克斯左右，二氧化碳浓度不超过1 000毫克/千克。

## 三、场地设施

猴头菇栽培一般分室内层架床栽培和室内发菌野外荫棚畦床栽培两种，栽培场地包括菌丝培养室、出菇房和人工荫棚3处。

菌丝培养室要求清洁、干燥、无杂菌。选择适宜的房间，提前做好消毒灭菌工作。出菇房为猴头菇子实体生长发育的场所，为了提高空间的利用率，在出菇房内设置床架，每床架6～7层，高2.8米，宽90～130厘米，层距30厘米，人工荫棚也是猴头菇室外栽培出菇场所，一般选择冬闲田或林地，要求在水源方便、利于排水的地方搭建荫棚，光照以"七分阴三分阳"为宜，荫棚周围环境应喷药杀菌，防止害虫入侵。

## 四、基质配方

### （一）培养料配制

根据当地原料来源就地取材，选择适合的猴头菇栽培原料。目前猴头菇栽培多以棉籽壳、玉米芯、木屑等作为主料，麸皮、米糠、糖、石膏、过磷酸钙等作为辅料。常用的配方如下。

配方一：棉籽壳86%，米糠5%，麸皮5%，过磷酸钙2%，石膏粉1%，蔗糖1%。

配方二：甘蔗渣78%，米糠10%，麸皮10%，蔗糖1%，石膏粉1%。

配方三：玉米芯50%，木屑15%，米糠10%，麸皮10%，棉籽饼8%，玉米粉5%，蔗糖1%，石膏粉1%。

配方四：酒糟80%，豆饼8%，麸皮10%，蔗糖1%，石膏粉1%。

以上原料除木屑外，其余的均要求新鲜、无霉变。拌料时通常加总重量0.2%的柠檬酸。

## （二）拌料、装袋（瓶）、灭菌

在配制栽培料时，要求主料和辅料混合干拌，将蔗糖、过磷酸钙、石膏等先溶于水，再倒入干料中反复搅拌。栽培料的含水量控制在55%～65%，调节pH至5.4～5.8，切忌在配料中加入石灰，石灰会使培养料偏碱性，不利于猴头菇的生长。也不能加入多菌灵等消毒剂，因其会抑制猴头菇生长。

目前猴头菇主要采用袋栽出菇方式，通常选用高密度低压聚乙烯塑料袋。在福建、浙江等栽培香菇、银耳产区，人们多采用长袋侧面打孔接种出菇的方法，袋子规格：幅宽12～15厘米，袋长50～55厘米，膜厚0.04～0.05厘米。每袋能装干料450～550克，一般采用半自动压料式装袋机装袋，与传统香菇料袋制作方法相似，工作效率高。

装袋结束后，立即入锅常压灭菌。料袋装锅时，多采用"井"字形叠放，并留有空隙，以利蒸汽流通。装锅后待气压稳定，连续灭菌8～10小时即可。

## 五、接种、养菌管理

将灭菌后的料袋移至消过毒的接种室预冷，待袋子的温度降至30℃时，即可在消过毒的接种箱、超净工作台或无菌车间接种。工作人员要强化无菌观念，接种时严格进行无菌操作。接种时的温度一般不超过27℃，这样有利于减少杂菌污染。一般1瓶500毫升菌种可转接10～20袋，每袋接种3～4穴，接种后用专用透气胶布封口，之后转入发菌室或就地按"井"字形堆叠。

发菌室室内温度控制在20～25℃，空气相对湿度以60%～65%为宜，避光黑暗培养。早春气温低，注意室内升温，秋季则要降温，防止烧菌。菌落直径达8～10厘米时，袋内温度通常较室外高1～2℃，此时应注意定时通风，并将室内温度调至23℃。接种后14～16天，进入菌丝旺盛生长期，此时应及时翻堆、加强通风，并将室内温度调至21～22℃。大规模室内培养时，应安装内循环风扇装置，定时循环促进空气流通，防止局部烧菌。在发菌期间要经常翻堆、检查杂质、通风换气。发菌期间要经常检查，剔除污染的菌袋，一般经25～30天，菌丝长满菌袋，即可催蕾出菇。

## 六、出菇管理

出菇期是猴头菇由营养生长转向生殖生长的关键时期，所以要人为创造良好的温、光、气、湿等条件，满足猴头菇子实体发育的需要，尽可能使菌袋现蕾整齐一致。

温度降至15～18℃时，将长满菌丝的菌袋转入出菇房或室外荫棚，采用层架出菇或卧式堆叠墙式出菇，菌袋间隔4～6厘米，防止子实体互相粘连。采用长袋侧面出菇法的，应将接种口透气胶布与老菌种块去除，穴孔向下放置。通过对空间喷雾、地面洒水及空中挂湿草帘等方法加大湿度，加强通风，并增加散射光照。通过控制温、光、气、湿等条件，促使菌丝转向生殖生长，数天后接种口或打孔处会出现白色突起的菌蕾。

猴头菇菌袋现蕾后，出菇房的温度应控制在15～20℃，室内或菇棚要求空气新鲜，空气相对湿度应保持在85%～90%，光照强度应控制在200～500勒克斯，在这样的栽培环境条件下，猴头菇子实体生长健壮，菇体圆整、色泽洁白，商品价值较高。通风不良或湿度过大，易形成畸形子实体，但应防止强风直吹，否则子实体表面会出现干燥现象，不能对子实体直接喷水，以防伤水、烂菇情况的发生。光照过强，子实体色泽呈微黄色至黄褐色，从而导致品质下降。

采收后应立即对料面进行清理和搔菌，即用小耙子清除料面残余的子实体基部、老化的菌丝和有虫卵的部分，并防止病虫害的发生。采收一潮后，应停止喷水1～2天，加强通风换气，然后再喷水保湿，使空气相对湿度保持在70%左右，在出菇房或菇棚"养菌"约7天后，可再次催蕾，进入下一潮菇的管理。袋栽一般可出3～4潮菇，前两潮产量最高，一般可占到总产量的80%，后两潮若覆土处理，可明显提高产量。

## 七、病虫害防控

### （一）病害

#### 1.毛霉

（1）识别特征。毛霉的菌丝稀疏、细长，生长迅速，菌袋或菌床感染后，表面很快形成很厚的白色棉絮状菌丝团，随着生长，逐渐出现细小、黑色球状的孢子囊，变成灰黑色，又称黑霉菌或黑毛菌等。病菌主要以孢子传播危害。对环境条件适应性强，高温、高湿的条件有利于病菌孢子的萌发和传播危害，在适宜的条件下，病菌在3天内即可布满培养（基）料的表面。

（2）防控措施。打扫接种室和培养室的内外卫生，并消毒；菌种培养基灭菌时避免棉塞受潮；化学防治时，可用50％咪鲜胺锰盐可湿性粉剂800～1 000倍液浸泡受污染的菌袋2～3分钟，杀死霉菌后再处理。

**2.曲霉**

（1）识别特征。曲霉又称黄霉菌或黑霉病。曲霉的分生孢子梗无色、直立、不分枝，顶部膨大成圆形或椭圆形，上面着生多层小梗呈放射状排列，顶生瓶状产孢细胞。分生孢子单胞、串生，聚集时呈不同颜色。病菌发生后，在一定的条件下不断扩大，直至占领整个料面，与菌丝争夺养分、水分和生长空间，还分泌毒素危害菌丝。病菌的适应性较强，在10℃以下和30％空气湿度的条件下也能生长，最适生长温度为25℃左右。

（2）防控措施。高压灭菌时防止试管棉塞受潮；培养室使用前要消毒；培养料的灭菌要彻底；污染严重的菌袋要深埋或焚烧。

**3.链孢霉**

（1）识别特征。链孢霉又称脉孢霉、面包霉、红霉、红色面包霉、橘皮菌等。病菌的菌丝量很少，且生长期很短，1～3天后即能形成成堆的孢子，成熟的孢子随空气传播重复侵染。高温有利于病害的发生，气温低于10℃时不能造成危害。

（2）防控措施。保持培养环境干燥，在料袋移入前彻底消毒；严禁使用棉塞已受潮的栽培种；及时清理废料和破口的料袋；在棉塞或料袋外部形成粉红色或白色孢子团的，用湿布或湿纸包好后带出培养环境，烧毁或深埋。

**4.木霉**

（1）识别特征。木霉又称绿霉菌。病菌的孢子通过空气、覆土、操作人员及生产用具进入菇房侵染危害。病菌孢子萌发和菌丝生长的最适温度为30℃左右，低于15℃则不易萌发。病菌菌丝阶段不易被觉察，直到出现孢子（绿色霉层）时才会引起注意。木霉感染培养料时，菌落初期白色、致密，无固定形状，后从菌落中心到边缘逐渐变成浅绿色，出现粉状物，很快料面上形成大片霉层。子实体感染木霉后，先出现浅褐色的水渍状病斑，后病斑褐色凹陷，产生绿色霉层，最后整个子实体腐烂。

（2）防控措施。清洁环境，原料彻底灭菌，选用无污染菌种，严格无菌接种，改善养菌、出菇条件；患处局部用石灰水防治；对发病菌棒作无害化处理。

## （二）虫害

**1.螨类**

（1）识别特征。螨类个体很小，长圆形至椭圆形，蒲螨咖啡色，行动缓慢，多在料面或土粒聚集成团，似一层土黄色的粉；粉螨白色，发亮，体壁有若干长毛，单独行动。主要取食菌丝和子实体，菌丝被取食后出现枯萎、衰退，危害严重时可将菌丝吃光，培养料变黑腐烂。子实体被咬食后，表面出现不规则的褐色凹陷斑点。害螨主要通过培养料和昆虫被带入菇房。

（2）防控措施。培养室要远离鸡舍、猪舍、仓库、垃圾堆放处等场所。室内培养室和培育大棚可采用药物熏蒸杀螨，每米$^3$用磷化铝9～12克熏蒸48～72小时，或用80%敌敌畏乳油0.1～0.5毫升稀释后喷雾或熏蒸24～48小时。接种穴或菌棒内出现螨虫危害时，可用4.3%高氟氯氰·甲阿维乳油按规定浓度喷杀。

**2.菇蚊**

（1）识别特征。菇蚊种类繁多，常见的有眼蕈蚊科、瘿蚊科、大菌蚊科、厉眼蕈蚊科等科。菇蚊的危害主要表现为幼虫蛀食菌丝体和子实体，危害菌丝时可将菌丝体吃光，将培养料吃成粉末状；危害子实体时则将菇柄蛀食一空，将菌盖菌褶吃光，将菇体表面吃出众多的缺刻等，并会在菇体上大量排泄粪便，极大降低商品价值。

（2）防控措施。养菌室、出菇房等在使用前要进行全面的杀虫处理，并可在养菌室、菇棚装防虫窗纱，以杜绝虫源；在栽培场所利用黑光灯、糖醋毒饵等诱杀成虫，减少产卵，也可用农用蚊香驱避和杀死成虫；出菇期间进行药物防治，必须在出菇的间隙或把菇采净后进行，应选用高效低毒的4.3%高氟氯氰·甲阿维乳油、50%氟虫腈悬浮剂等仿生农药，绝不能使用高毒、高残留的农药。

## 八、采收

在适宜的环境条件下，猴头菇现蕾后10～12天，当子实体七八成熟，球块已基本长大，菌刺长到0.5～1厘米，尚未大量释放孢子时，即为采收最佳期。此时子实体洁白，味清香、纯正，质好，产量高。采收时用小刀齐袋口切下，或用手轻轻旋下，避免碰伤菌刺。若在子实体的菌刺长到1厘米以上时采收，则味苦，风味差，这往往是子实体过熟的标志。

# 第五节　产品加工

猴头菇子实体采收后必须当天烘干，否则容易使猴头菇色泽发生变化，影响质量，降低商品价值。生产上主要是采用脱水烘干法干制。

方法是将采收的猴头菇子实体及时去掉杂质，剪掉菇蒂。把猴头菇按大小分级，菌柄朝上，一朵朵排列在竹制或不锈钢制成的烘盘上，晴天可置于阳光下晾晒3～4小时。然后进脱水烘干机内烘干。烘干过程中注意掌握温度，菇体起烘温度不低于30℃，一般为35℃，然后按每小时2～3℃缓慢递升至40～50℃，加大通风量，让菇体水分通过热风气流蒸发，被排出烘干机；2～3小时后再逐步升高到55～60℃，直至烘干。通常脱水烘干8～10小时即可完成。一般每6千克的鲜菇可烘干成1千克的干菇。经干制的猴头菇必须及时装入双层塑料袋内并封好袋口，或装入密闭防潮的容器中，放在阴凉干燥处保存。

# 第五章　衢枳壳

衢枳壳为芸香科植物常山胡柚的干燥未成熟果实，在7月果皮尚绿时采收，自中部横切为两半，晒干或低温干燥，或经切片晒干、炮制加工而成的中药。

## 第一节　概况

### 一、药用价值

衢枳壳是入药的上品，其味苦、辛、酸，微寒。归脾、胃经。具理气宽中、行滞消胀等功效。具有止咳化痰、健脾消食的良好作用。据《本草纲目》记载："柚（气味）酸，寒，无毒。消食，解酒毒，治饮酒人口气，去肠胃中恶气，疗妊妇不思食、口淡"。药学界研究证明，衢枳壳中的柚皮苷、柠碱（苦味物质）对微细血管扩张、抑制血糖增加有一定的功效。此外，胡柚性凉，还具有清热解毒、平喘化痰、生津止咳、醒酒醒脑、消食利尿的功能，胡柚鲜果中的超氧化物歧化酶（SOD）含量较高，能延缓组织衰老，经常食用能起到延年益寿的效果。

### 二、栽培区域

胡柚主要分布于广西、江苏、江西、浙江、湖南、湖北等地区。衢州是衢枳壳传统道地产区，已有600多年的历史，目前全市胡柚种植面积约12万亩，年产量6 000多吨，年产值约2亿元，主要集中在常山县的青石、天马、芳村、何家、同弓、球川等乡（镇、街道）。衢枳壳产业在衢州经过多年的扶持和发展，已经形成较强的技术优势和广阔的发展空间：通过增产和品质提高，直接带动农民增收1.5亿元以上，既保护了生态环境，又取得社会效益和经济效益的双丰收。

# 第二节　植物识别

## 一、植物形态

胡柚是优良的柚子自然杂交品种，树势强健，叶色浓绿肥厚，枝叶繁茂，适应性广，耐粗放管理，抗寒性强。

## 二、商品药识别

衢枳壳呈半球形，直径3～5厘米。外果皮棕褐色至褐色，部分有颗粒状突起，部分较光滑，突起的顶端有凹点状油室；有明显的花柱残迹或果梗痕，切面中果皮黄白色，光滑而稍隆起，厚0.4～1.3厘米。质坚硬，不易折断。气清香，味苦、微酸。

衢枳壳粉末黄白色或棕黄色。中果皮细胞类圆形或形状不规则，壁大多呈不均匀增厚。果皮表皮细胞表面观多角形、类方形或长方形，气孔近环式，直径16～34微米，副卫细胞5～9个；侧面观外被角质层。汁囊组织淡黄色或无色，细胞多皱缩，并与下层细胞交错排列。草酸钙晶体存在于果皮和汁囊细胞中，呈斜方形、多面体形或双锥形，直径3～30微米。螺纹、网纹导管和管胞细小。

# 第三节　生长特点及关键技术

## 一、生长特点

喜温暖湿润、雨量充沛、阳光充足的气候条件，对土壤的适应性较广，以中性沙壤土为最理想，过于黏重的土壤不宜栽培。

## 二、林地选择

常山胡柚为亚热带常绿果树，具有耐贫瘠和耐寒的特点。其生长强健，管理粗放，且对土壤要求不严。交通便利，有水源可灌溉，排水良好的山地、平地均可造林。

## 三、育苗定植

### （一）种苗采穗

必须选用常山胡柚原产地产品保护范围内的良种繁育基地生产的良种。选择品系纯正（如01-17等）、产品质量稳定、没有变异的成年树作为采集接穗的母本树。

### （二）种苗培育

选用枳属枳为砧木。在选定的母本树上剪取当年的粗壮春梢或成熟夏梢为接穗。采用柑橘单芽腹接的方式嫁接。

### （三）苗木定植

春季定植，以嫁接苗进行矮化密植，山地株行距（3.5～4.0）米×4.0米，平地株行距4.0米×（4.0～4.5）米；采取大穴定植，大穴规格80厘米×80厘米×60厘米，每穴用表土加火土灰10千克拌入500克钙镁磷肥；栽植时使苗木嫁接口高出土面，浇透水，再盖上草保湿，3月15日前完成定植工作。以每亩栽45～50株为宜。

## 四、培育管理

### （一）中耕除草

中耕除草时，将草覆盖在树基部四周，每年4—10月深翻改土，从定植后第二年开始。紧接定植穴外围开宽50厘米、深60厘米、长与树冠大小相等或相近的半月沟，注意不要留隔墙。下一次深翻压肥应交错轮换方向挖沟，直至全园翻改土完成为止。前5年每年整个柚园翻耕1次，深度10～20厘米。

### （二）整形修枝

苗木50厘米高时定干，幼树培养主枝和选留副主枝，每年培养3次梢，并及时摘除花蕾，减少树体营养消耗。树高控制在1.2～1.5米，使树冠紧凑，树形开张。

结果树继续扩展树冠，培养主枝和副主枝延长枝，布局侧枝群，使枝梢分布均匀，通风透光，生长健壮，任其结果，并促发春、秋二次新梢，春季发芽时及时抹去树冠内膛的徒长枝。

盛果期每年3月中旬、7月上旬各修剪1次，4—9月进行抹芽控梢、摘心、剪除徒长枝、枯死枝、病虫枝等辅助修剪，树高控制在1.5～1.8米。

成树的整形修枝多在冬季进行，一般以疏去强势徒长枝为主，剪除病虫枝、枯枝和交叉枝，适当保留内膛枝，保持阳光通透。

## （三）施肥

栽植后1～3年的幼树，施肥以氮肥为主，以勤施薄施为原则。4月至5月初施春肥，占全年施肥总量的50%，每株施饼肥2千克加硝酸磷钾复合肥400克；全园每亩撒施石灰100千克，并深翻（每2年1次）。

11月施冬肥，占全年施肥总量的50%，每株施饼肥2千克或其他有机肥加复合肥400克。

# 五、病虫害防控

选用低毒、高效、低残留农药结合物理防治方法进行病虫害综合防治，并将年防治病虫害次数控制在5次以内。

## （一）病害

### 1.黄斑病

（1）识别特征。受害植株的一片叶上可生数十或上百个病斑，使光合作用受阻，树势被削弱，引起大量落叶，对产量造成一定影响。嫩梢受害后，僵缩不长，影响树冠扩大；果实被害后，产生大量油瘤污斑，影响商品价值。该病基本上可分为脂点黄斑型、褐色小圆星型和混合型。果实也可发病。

（2）防控措施。加强栽培管理，特别对树势弱、历年发病重的老树，应增施有机质肥料，并采用配方施肥，促使树势健壮，提高抗病力。抓好冬季清园，扫除地面落叶，集中烧毁或深埋。结果树在谢花2/3时，未结果树在春梢叶片展开后，开始第一次喷药防治，相隔20天和再相隔30天左右各喷药1次，共2～3次。可选用50%多菌灵可湿性粉剂800～1 000倍液，或75%百菌清可湿性粉剂600～700倍液。也可在梅雨之前2～3天喷第一次农药，隔1个月左右再喷1次，可喷多菌灵和百菌清混合剂（按6∶4的比例混配）600～800倍液，也可选用70%代森锰锌可湿性粉剂500倍液，或波尔多液、托布津、退菌特等农药防治。可兼治疮痂病。

### 2.溃疡病

溃疡病由细菌引起，主要危害植株的叶片、枝梢和果实，引起落叶、落果，影响树势。

（1）识别特征。初期在叶背出现黄色或暗黄色针头大小的油浸状斑点，后向叶片两面扩展隆起，呈近圆形、米黄色的病斑。其后病部破裂，木栓化，中央凹陷，呈火山口状裂口，周围有黄晕。枝梢与果实上的病斑与叶片上的相似，但隆起更为明显，木栓化程度更高，周围无黄晕。

（2）防控措施。非疫区调入接穗、苗木时，应严格检疫。选择远离栽培区的地方建立无病苗圃，从无病健康母树上采穗育苗，种子用5%高锰酸钾液浸15分钟，或用2%福尔马林液浸5分钟，再用清水冲洗干净。对罹病的夏、秋梢应尽量剪除，集中烧毁。控制氮肥，维持健壮树势。在各次新梢嫩叶展开，叶片刚转绿时和花谢后10天、30天各喷1次药。可选用0.5%～0.8%石灰倍量式波尔多液，或农用链霉素1 000单位/毫升，或20%噻菌铜胶悬剂500倍液，或14%胶氨铜水剂300倍液，或40%拌种双可湿性粉剂500倍液等喷雾。

## （二）虫害

### 1.潜叶甲

（1）识别特征。潜叶甲以成虫在土中或树皮下越冬。成虫群居，喜跳跃，有假死习性，取食嫩芽、嫩叶，卵产于嫩叶叶背或叶缘上。幼虫孵化后即钻孔入叶，蜿蜒取食前进，新鲜的虫道中央有幼虫排泄物形成的黑线1条。幼虫老熟后多随叶片落下，咬孔外出，在树干周围松土中作蛹室化蛹，入土深度在3厘米左右。

（2）防控措施。防治潜叶甲，一般发生园在4月15日前后用药防治1次，挑治红蜘蛛；重发园可在卵孵化高峰前2～3天开始用药，要求用药2次，第二次用药主治花蕾蛆，补治或挑治潜叶甲、红蜘蛛，预防黄斑病、炭疽病等。药剂可选用48%乐斯本乳油1 000倍液，或40%毒死蜱乳油1 000倍液，或90%晶体敌百虫800倍液。

### 2.红蜘蛛

红蜘蛛又叫全爪螨、瘤皮红蜘蛛，发生普遍。

（1）识别特征。以口针刺破叶片、嫩枝、果实表皮吸取汁液。叶上呈灰白色小点，严重时呈灰白色、落叶，影响树势、产量。年均温在15℃时，年发生12～15代。以卵和成螨在叶背凹陷和枝条裂缝处越冬，发生高峰期为3—5月和9—10月。温度超过35℃时，不利其生存。该螨有喜光和趋嫩习性，从老叶转移到嫩叶、果实上危害。

（2）防控措施。柚园内生草或种植藿香蓟、大豆等植物，利于天敌栖息与繁殖。加强肥水管理，增强树势，促进被害叶片转绿，减轻危害。保护、利用食螨瓢虫、捕食螨、六点蓟马、草蛉等红蜘蛛天敌。药剂防治须适时、合理。可选用5%尼索朗乳油1 500倍液，或73%克螨特乳油2 500倍液，或20%

螨克乳油1 500倍液，或石硫合剂（浓度：冬季1.0 ～ 1.5波美度，夏、秋季0.2 ～ 0.5波美度）等喷杀。

**3.锈壁虱**

锈壁虱又叫橘锈螨、锈蜘蛛等，发生普遍。

（1）识别特征。成螨和若螨群集在叶片、果实及嫩枝上，以针状口器刺吸汁液，果实表面被害呈黑色或栓皮色，叶片被害形成锈叶。危害严重时，引起大量落叶，果小、味酸、皮厚。

（2）防控措施。检查虫情，适时防治。在每一放大镜视野内平均有虫2 ～ 3头时用药，隔6 ～ 7天连续防治2次。药剂可参考红蜘蛛的用药。保护、利用食螨瓢虫、捕食螨、蓟马、汤普逊多毛菌等天敌，加强肥水管理，结合修剪，使树冠通风透光，减少虫源。

**4.天牛**

天牛有星天牛、褐天牛和光盾绿天牛3种，发生普遍。

（1）识别特征。星天牛以幼虫蛀食主干及根部，导致皮层死亡，叶片枯黄脱落，树势衰退，重者植株死亡。褐天牛以幼虫从皮层侵入危害，蛀食木质部，有木质状虫粪排出，致使树势衰弱，老树尤烈。

（2）防控措施。在5—6月成虫活动盛期的晴天中午及午后捕捉成虫。成虫活动盛期，可选用10%吡虫啉可湿性粉剂3 000倍液，或20%好年冬乳油3 000倍液，或50%抗蚜威可湿性粉剂1 000 ～ 2 000倍液，或洗衣粉3 000倍液，或将生石灰20千克、硫黄2千克、水50千克调制成白涂剂，涂抹主干，可毒杀成虫及初孵幼虫。在6—8月检查主干，刮除虫卵或幼虫（一般有泡沫状胶质）。树干基部发现有新鲜虫粪处，可用钢丝钩杀幼虫，或掏尽虫粪后，用脱脂棉蘸80%敌敌畏乳油塞入洞内毒杀，用泥浆封住洞口。

4月上旬主治潜叶甲、黄斑病；5月中下旬主治红蜘蛛、黄斑病等；7月上中旬主治锈壁虱等；9月上中旬主治红蜘蛛等；11月底至12月清园，降低越冬病虫基数。夏季可人工捕杀天牛成虫。

# 六、采收

胡柚幼果采摘时间为6月5日至8月5日。

# 第四节　产品加工

胡柚幼果采后立即横切晒干或烘干至含水量低于12%，然后存放于阴凉干燥、无虫害、无污染的库房内。干燥方法有自然晒干法和机械烘干法两种。

## 一、自然晒干

自然晒干加工应反复翻晒7～10天，晒至全干（含水量低于8%），晒时瓢肉（切口）向上，一片一片铺开（一般在草席上），晒时忌淋雨和沾灰，晒至半干后，反转晒皮至全干。若遇阴雨天，可用火炕，切口向下，炕火力稍大，半干后，小火炕至全干。

## 二、机械烘干

机械烘干需将温度控制在40～60℃，避免因温度过高造成炭化，影响质量，烘干后含水量应低于8%。

# 第六章　衢陈皮

衢陈皮是以芸香科柑橘属植物柑橘及其栽培变种（主要为椪柑、朱橘等）的成熟鲜果为材料，经过净选、开皮、翻皮、干皮、包装、贮藏和陈化等工序加工而成的中药。

## 第一节　概况

### 一、药用价值

衢陈皮是柑橘等水果的果皮经干燥处理后得到的干性果皮。其皮干燥后可放置陈久，故称陈皮，药食两用。主要成分是橙皮苷、川陈皮素、柠檬烯、α-蒎烯、β-蒎烯、β-水芹烯。具理气健脾、燥湿化痰功效。主治脘腹胀满、食少吐泻、咳嗽痰多等症。也常用于烹制某些特殊风味的菜肴，如"陈皮牛肉""陈皮鸡丁"等。还可用于制作蜜饯、酵素等衍生食品和保健品。

### 二、栽培区域

衢陈皮主产于福建、浙江、广东、广西、江西、湖南、贵州、云南、四川等地。衢州是著名的柑橘之乡，也是衢陈皮原主要产区，而衢江区湖南镇有独特的库区环境小气候，夏季昼夜温差相对较大，相对湿度较高，产出的柑橘品质高，衢陈皮品质自然也高。目前衢州常年种植面积16.5万亩，年产衢陈皮原材料5 000余吨，产值约5 000万元。

## 第二节　植物识别

衢陈皮成品常3瓣相连，基部相连，形状整齐，厚度均匀，质较柔软。外表面橙红色或红棕色，有细皱纹及下凹的点状油室；内表面浅黄白色，粗糙，附黄白色或黄棕色筋络状纤维管束，质稍硬而脆，气香，味辛、苦。

# 第三节　生长特点及关键技术

## 一、生长特点

喜阳光，栽于排水良好、保水能力强的肥沃沙质壤土。

## 二、播种育苗

### （一）采种

选择壮树、无病虫害、果脐显著的母柑橘作种。然后去掉果皮，取出果核，用清水洗净，晒干后，以一层沙一层种子的方式埋藏，以待播种。

### （二）育苗

在2—3月选好土地，除净杂草，深翻细耙，施足底肥，做成1.35厘米宽的畦，长短视地形而定，高约17厘米，沟宽约34厘米。条播、撒播均可。条播在畦上横开小沟，深约7厘米，行距34厘米左右，然后将种子以3厘米左右的株距播下，盖上细泥。撒播不开沟，其余与条播同。播后注意浇水，经常保持土壤湿润，10多天后即可发芽，发芽后，待苗长至13～17厘米时，将杂草除去，施淡薄粪肥1次。以后每隔1～2个月施混匀的豆饼、草木灰、骨粉，作追肥，促进幼苗生长旺盛。

## 三、建园定植

选择坡度25°以下、海拔300米以下的地方建园。种植园地土层深50厘米以上，地下水位在100厘米以下，经改土后土质疏松肥沃，土壤pH 5.5～6.5，有机质含量1.5%以上。幼苗长到34厘米左右，即可移植（假植），移植后的第二年定植。春季定植在2月下旬至3月中旬。秋季定植在10月上中旬。定植采用定植沟或定植穴两种方式。定植沟宽80厘米、深60厘米。定植穴直径100厘米、深60厘米。丘陵坡地株行距3.5米×4米或4米×4米，每亩栽42～48株。平地株行距4米×5米，每亩栽34株。在采用加倍密植等计划密植的园区，树冠覆盖率达70%时，应对加密部分植株进行间伐或移栽。

## 四、整形修剪

修剪后树冠高250～300厘米。

### （一）营养生长期（1～3年生树）

在苗木定干整形基础上，以整形培养树冠为主，第一、第二年培养主枝，选留副主枝，第三年继续培养主枝和副主枝的延长枝，合理布局侧枝群。每年培养3～4次梢，及时摘除花蕾。投产前一年树高率控制在1.5～1.7，保持树形开张，树冠紧凑，枝叶茂盛。对直立枝群应采用拉枝。

### （二）生长结果期（4～6年生树）

继续培育扩展树冠，合理安排骨干枝，适量结果。每年培养春梢、晚夏梢、中秋梢3次新梢，6月上旬至7月上旬对夏梢抹除或摘心。对生长过密或成簇状的春、秋梢，按"去强弱，留中庸"的原则删密留疏，树高率控制在1.6以下。

### （三）盛果期（6～30年生树）

保持生长结果相对平衡，绿叶层厚度在200厘米以上，树冠覆盖率控制在80%以内。修剪因树制宜，删密留疏，疏除、回缩过密大枝或侧枝，控制行间交叉和树冠高度，保持侧枝均匀，冠形凹凸，通风透光，立体结果。

### （四）衰老期（30年以上生树）

对副主枝、侧枝轮换回缩修剪或全部更新树冠，促发下部和内膛的新结果枝群。

## 五、花果管理

对叶花比在4：1以下的少花树，应采取保花保果措施。在花期和幼果期喷施2次50毫克/升赤霉素保果。根据叶片缺素症状，追施树体缺少的营养元素。

多花树春季适度修剪，减少花量。疏果在第二次生理落果基本结束时开始，分2次进行。第一次疏果在7月中下旬，第二次在8月中下旬。先疏病虫果、畸形果，后根据果实横径疏除小果。在7月中旬将横径在2厘米以下的果实疏除，8月下旬将横径在3.5厘米以下的果实疏除。

## 六、土肥水管理

### (一)土壤改良

幼龄橘园在夏季和冬季于树盘外种植绿肥或豆科作物。在6月下旬至7月上旬或9—10月深翻扩穴改土,施入腐熟的栏肥、堆肥、厩肥、菌渣、塘泥以及绿肥、作物秸秆等。土壤pH小于5.5的园地改土时,每亩撒施石灰50 ~ 100千克。

### (二)施肥

幼龄橘园在2月下旬至8月上旬,每次新梢抽发前追肥。结果树每亩年施肥量以氮、磷、钾纯养分计为115 ~ 145千克,每年施肥4次:芽前肥在2月下旬至3月上旬施,以有机肥和速效氮肥为主,施肥量占全年施肥量的30% ~ 50%;保果肥在5月下旬施,施肥量占全年的10% ~ 20%;壮果肥在7月上旬至8月上旬施,施肥量占全年的30% ~ 40%;采果肥在采果后施,施肥量占全年的20% ~ 30%。幼龄树氮、磷、钾施用比例为1:0.3:0.5,成年树氮、磷、钾施用比例为1:0.6:0.8。施肥应注意增施有机肥,有机肥应占全年施肥量的40%以上。花期和幼果期根据树体营养状况,在叶面喷施锌、镁、硼等微量元素肥料。

### (三)排水与灌水

在雨季及时开沟排水;旱季做好培土和树盘覆盖,以保水,适时灌水;果实品质形成关键期(采收前的20天内)控水。

## 七、病虫害防控

采取预防为主、综合防治的原则,合理采取农业防治、生物防治、物理防治和化学防治等综合措施。适期用药,合理混配。

### (一)病害

#### 1.疮痂病

疮痂病由真菌引起,分布广泛,危害嫩叶和幼果,严重的会引起落叶、落果或果实变小,产量下降,品质变劣。苗木、幼树和嫩枝多的发病重;宽皮柑橘较易感病,柠檬、柚类等次之,甜橙、金柑、枳等抗病力强。

(1)识别特征。多发生在叶背,初为油浸状黄色小圆点,后隆起,另侧凹陷，呈木栓化瘤状或圆锥状的疮痂，严重时叶片扭曲。病斑呈圆锥形木栓化的瘤状突起，严重时果实畸形，易落果。果实膨大期遇天气潮湿会产生薄膜状病斑。

（2）防控措施。春季剪除病枝叶和过密枝条，清除枯枝落叶，采取控氮栽培，使新梢抽发整齐，老熟一致，减少病菌侵入机会。非疫区对引入的苗木和接穗，可用30%苯菌灵可湿性粉剂800倍液浸30分钟消毒。药剂防治：第一次在顶芽长0.8～1厘米时喷药；第二次在花谢2/3时进行。若6月多雨，对感病品种应加喷1～2次药。第一次可用0.5%～0.8%石灰等量式波尔多液，或61.4%可杀得干悬浮剂800倍液。第二次使用53.8%～77%可杀得可湿性粉剂800～1 200倍液，或20%噻菌铜悬浮剂500倍液，或75%百菌清可湿性粉剂500～800倍液等。

**2.黑点病**

黑点病由真菌引起，分布广，严重时常造成大批橘树死亡。

（1）识别特征。病菌侵害新梢、嫩叶和幼果时产生沙皮症状，呈黑褐色的硬质小点，散生或密生，似沙粒黏附。

（2）防控措施。加强栽培管理，增强树势。及时防治病虫害，做好冬季防冻工作。剪除病枝叶，集中烧毁。树干刷白，避免日灼与冻害。结合疮痂病和其他病害的防治。刮除病部组织。用75%酒精消毒后再涂药保护。可选用1%硫酸铜液，或1%抗菌剂402，或25%甲霜灵可湿性粉剂100倍液等喷雾。

## （二）虫害

### 1.介壳虫

介壳虫有糠片蚧、黑点蚧、黄圆蚧等多种害虫，分布广泛。

（1）识别特征。糠片蚧寄生在荫蔽的枝叶上，危害枝干、叶片和果实，造成枝枯叶落，果面产生绿色斑点，严重影响树势、产量和品质。黑点蚧危害重者，常枝叶干枯，果实延迟成熟，树势降低，产量和品质下降。黄圆蚧以若虫和雌成虫刺吸枝、叶和果实的汁液，引起枝叶枯死，树势衰退，产量和品质下降。

（2）防控措施。在调运接穗、苗木和果实时检疫，防止介壳虫的传播。加强肥水管理，增强树势，结合修剪，集中烧毁病虫枝叶。保护、利用寄生蜂以及捕食性瓢虫、日本方头甲、草蛉和寄生益菌等介壳虫天敌。在若虫盛孵化期用药剂防治，相隔7～10天，连喷2～3次。第一次虫龄比较整齐，可选用25%扑虱灵可湿性粉剂1 500～2 000倍液，加40%乐斯本乳油1 000倍液喷雾；虫龄增大时，可选用40%杀扑磷乳油1 000倍液；清园时可用95%机油乳剂100～150倍液，或松脂合剂16～20倍液，或1%的机油乳剂加低浓度的有机磷杀虫剂，可提高防效。

### 2. 蚜虫

危害蚜虫有9种之多，以棉蚜、橘蚜和橘二叉蚜为主，还有桃蚜、绣线菊蚜等。

（1）发生时期。发生高峰期为春梢和秋梢的抽发期，最适温度为24～27℃，高温干旱时易发，条件不适或叶片老化时，大量发生有翅类型迁移。晚秋产生有性蚜，交配后产卵越冬。

（2）防控措施。剪除有卵枝和被害枝，减少越冬虫口基数。可在新梢有蚜率达25%时喷药防治。可选用10%吡虫啉可湿性粉剂3 000倍液，或20%好年冬乳油3 000倍液，或50%抗蚜威可湿性粉剂1 000～2 000倍液，或洗衣粉3 000倍液等。

### 3. 潜叶蛾

潜叶蛾又叫画图虫，发生广泛。

（1）识别特征。以幼虫潜食、寄生夏、秋梢的嫩叶、嫩茎皮下组织，虫道弯曲，导致叶片卷曲、脱落，枝梢细弱，影响下年结果。并成为螨类等的越冬场所，还会引发溃疡病。

（2）防控措施。结合肥水控制，摘除零星早发秋梢，统一放梢，减少危害，同时便于集中用药防治。在新梢大量萌发，叶片长度不超过1厘米时喷第一次药，隔5～7天连喷2～3次。可选用1.8%阿维菌素乳油3 000～4 000倍液，或20%速灭杀丁乳油2 000倍液，或20%叶蝉散乳剂500倍液，或25%杀虫双水剂300～500倍液喷雾。

### 4. 红蜘蛛

红蜘蛛发生普遍。

（1）识别特征。见第五章第三节五、（二）2.红蜘蛛的识别特征。

（2）防控措施。见第五章第三节五、（二）2.红蜘蛛的防控措施。药剂的选用要考虑该药的感温性及对嫩梢、幼果是否产生药害。

### 5. 锈壁虱

锈壁虱发生普遍。

（1）识别特征。见第五章第三节五、（二）3.锈壁虱的识别特征。

（2）防控措施。见第五章第三节五、（二）3.锈壁虱的防控措施。

一般2月底至3月，防治介壳虫，兼顾地衣和苔藓等；4—5月以防治疮痂病为主，兼治蚜虫、螨类；5月下旬至6月中旬以防治第一代介壳虫、粉虱为主，兼治疮痂病、黑点病和螨类；7—8月，关注锈壁虱和潜叶蛾的发生动态，及时挑治；9—10月，重点防治红蜘蛛，兼治3代介壳虫、粉虱。采果后至12月中旬以防治红蜘蛛为主。

## 八、采收

在柑橘及其栽培变种的成熟期，即果实面红只占1/4便可采摘。如采摘时间过迟，会影响果树翌年的结实。采摘时要用采果工具（果剪、采果梯、箩筐等），不能用棍乱打，或用手摘，使果蒂留在枝上，这样会影响翌年产量，且采收的果实易腐烂。采摘后的鲜果宜及时加工，无法及时加工的，应规范地做好保鲜措施。有烂果时及时剔除，烂果周边的鲜果被污染时应及时处理。

# 第四节 产品加工

## 一、加工准备

加工场地应远离汽车尾气、工业废水等污染源，并具有清洁、通风、防潮、防雨，以及防鼠、虫和禽畜的设施。晒场应具有防禽、畜、鸟类的设施。宜具备切果皮工具、绳子、晾晒竿、筐等工具，绳子选择不易脱落或褪色的棉绳和麻绳，工具应洁净、无污染。

选用柑橘及其栽培变种（主要为椪柑、朱桔等）的成熟鲜果。

## 二、加工流程

衢陈皮的加工流程：净选→开皮→翻皮→干皮→包装→入库。

## 三、加工方法

挑选果皮洁净、无明显日灼、油斑、褐斑、网纹、病虫斑的鲜果，用自来水冲洗。待果皮表面无水分时开皮，将鲜果皮剥（切）成数瓣，基部相连。晴朗天气，将已开好皮的鲜果皮置于当风、当阳处，质地变软后翻皮，使橘白向外。

## 四、干品

选择晴朗、干燥的天气，将已翻好的果皮自然晒干；先将已翻好的果皮自然晾晒一段时间，然后采用低温干燥（温度不高于45℃）或低温吸附干燥（温度不高于60℃）等技术干燥，或置于室内、阳棚等阴凉通风处，避免太阳直射，自然干燥。

# 附录

## "婺八味"

### 一、"婺八味"中药材的名称及来源

"婺八味"图文商标于2022年向国家知识产权局商标局申报注册，共注册申请十个大类的商品类别。

金华市农业农村局、卫生健康委员会、经济和信息化局、市场监督管理局、林业和草原局等部门于2022年1月30日联合发文，委托金华日报社对"婺八味"代表药材进行遴选。通过《金华日报》《金华晚报》和金华新闻网App、金华报业集团微信公众号等多种媒体宣传和投票收集，经过评选组邀请农业、医药等行业专家以线上视频会议及线下现场会议相结合的方式，对"婺八味"进行评审推荐、评议打分，建议将佛手（金）、铁皮石斛、浙贝母、元胡（浙）、灵芝、莲子、金线莲、白术列为"婺八味"；同时将代代、生姜、枇杷、玄参列为金华中药材培育品种。

评选结果于2022年5月7日在《金华日报》上公示。公示结束后，联合评选部门于2022年7月1日作出"关于公布'婺八味'中药材遴选结果的通知""婺八味"中药材正式出炉。

### 二、"婺八味"药材种类简介

#### 1.佛手（金）

佛手（*Citrus medica* 'Fingered'）又称佛手柑、飞穰、蜜萝柑、五指香橼、五指柑、十指柑等，是芸香科柑橘属的常绿小乔木，因其子房在花柱脱落后即行分裂，在果的发育过程中成为手指状肉条，状如观音之手，故而得名。除果实外，其他形态特征与柑橘属三大原生种之一的香橼类似，与柠檬等有近缘关系。佛手根据花的颜色可分为红花佛手和白花佛手，栽培得当可全年开花。红花佛手因其在花未盛开时花蕾呈红色而得名，一般情况下，华南地区及四川一带的佛手花蕾呈红色，为红花佛手；白花佛手的花蕾及花瓣均为白色，产于金华的佛手通常为白花佛手。

金华佛手

香橼

目前我国佛手主要栽培地为浙江、广东、广西、云南、四川等地，其中以浙江金华的"金佛手"最为著名。金华佛手香气浓郁，果形奇特，拥有悠久的文化历史，深受国内外宾客的喜爱。青皮、白皮曾是金华地区的传统主栽品种，到新千年后，各佛手科研和栽培机构（单位）先后选育出阳光、秋意、千指玲珑、天赐、翠指等新品种。

青皮

千指玲珑

阳光

秋意

金华佛手集观赏价值、食用价值、药用价值和文化价值于一身，是当地著名"土特产"，深受国内外宾客的喜爱。与其他产区的佛手相比，金华佛手的优势主要在于：一是观赏价值高。金华佛手指型特征明显，被称作"指佛手"，而其他地区的佛手基本以握拳形状为主，被称作是"拳佛手"，因此，除去相同的食用价值、药用价值，金华佛手的观赏价值独一无二，还可以用于清供观赏、盆景制作和年宵花卉销售。二是香气清冷浓郁。得益于金华佛手品种特性及金华山特有的气候条件，金华佛手果实的挥发性次生代谢物积累更多，香气层次更丰富，造就了金华佛手以青草香和果香为主的香韵，显著区别于其他产区佛手的香气，这也使得金华佛手成为独特的新资源食品。佛手具有独特的药理药性。《归经》记载，佛手药用可入肝、胃二经，果实含有梨莓素（$C_{11}H_{10}O_4$）、布柑苷（$C_{34}H_{44}O_{21}$）、橙皮苷（$C_{28}H_{34}O_{15}$），能治臌胀病、妇女白带病等症，还能用于醒酒。《中华人民共和国药典》（2020年版）中记载的佛手是佛手干燥的果实，性温、味辛、味苦，入肝经、脾经、胃经、肺经，有理气化痰、止呕消胀、舒肝健脾和胃等多种药用功效。现代研究表明，佛手中含多种化学成分，包括黄酮类物质、多糖、香豆素、氨基酸等，主要成分为黄酮、挥发油两大类，具有抗炎、抗肿瘤、调节血糖、抗抑郁、抗氧化等作用。据著名老中医张兆智之子张丹山医师研究："佛手有气清香而不烈，性温和而不峻，既能疏理脾胃气滞，又可舒肝解郁、行气止痛，行气之功颇佳。"张丹山医师常用它与其他药配伍治病，效果显著。

佛手有七言韵语："佛手性温苦辛酸，畅中开胃也舒肝，气积郁结脘胁痛，痞满食乏芳化宣。"佛手全身是宝，果、花、根、叶均可入药。不同部位炮制方法不同，用途不一。

### 2.浙贝母

浙贝母为百合科贝母属，学名（*Fritillaria thunbergii* Miq.），多年生草本。因形如聚贝子，故名贝母，又称象贝、元宝贝、大贝。浙贝母药用部分主要是干鳞茎，花蕾、贝芯、贝芯蒂也用作成药原料，现已将全株入药，以提取生物碱。浙贝母是清热散结、止咳化痰的主要药材，主治肺热咳嗽、外感咳嗽、瘰疬、乳痈、肺痈等症，临床上应用广泛，传统中成药羚羊清肺丸、清肺止咳丸、通宣理气丸、养阴清肺丸、二母宁嗽丸等均以浙贝母为主要原料。浙贝母为浙江道地药材，是全国著名的"浙八味"之一，在国内外享有盛誉，浙江贝母产量占全国总产量的70%左右。

浙贝母在浙江有悠久的栽培史，北宋嘉祐六年（1061年）成书的《图经本草》就有"越州贝母"的记载，是浙贝母记载之始，随后《重修政和经史证类备用本草》《图经衍义本草》亦有记载。明代《本草品汇精要》的贝母文中特立"道地"一项，赫然只书"峡州"及"越州"，可知明代中期已形成的浙贝、川贝均属道地。鄞州地区产贝母最早的记载见明万历四年（1576年）成书的《桃源乡志》（桃源乡即今宁波市海曙区横街镇一带）；清代《本草纲目拾遗》记载，"浙贝母出象山，俗称象贝"，说明产地已扩至象山，又在土贝母中引入《百草镜》的论述——"浙江惟宁波之樟村及象山有之"，说明明末清初浙贝母已在象山和樟村并存，有象贝和土贝母两种称谓。又据《杭州医药商业志》记载："清光绪末年，有张万春者，在艮山门外打铁关等处，租地10 000多亩，称作'万春农场'，专种'浙贝'。到民国初年仍有生产。"20世纪60年代，杭州市郊发展浙贝母时，发现在打铁关地区遗留有数百个种茎，与浙贝母不同，种后形成3只鳞茎，定名为杭贝。此外，磐安最早种植的贝母品种为东贝母（*Fritillaria thunbergii* var. *chekiangensis* Hsiao et K. C. Hsia），也属浙贝母的一种。东贝母与浙贝母来自百合科不同的物种，均以鳞茎入药，但外观明显不同。东贝母外形和内质均接近川贝母，在浙江贝母中居首位。过去，川贝母货缺，医界以东贝母代之。现《浙江省中药炮制规范》中将东贝母归入浙贝母，作浙贝母用。1949—1967年，磐安县贝母年播种面积6公顷。东贝母国家收购价为浙贝母的5.7倍。东贝母与浙贝母比价缩小后，农民转而以种植浙贝母为主。20世纪80年代后浙贝母快速发展，到20世纪90年代后，产量约占全国的一半，而东贝母仅有零星种植。

浙贝母是我国传统的大宗中药材，是浙江道地药材"浙八味"之一，主产于浙江磐安、东阳、海曙、仙居、丽水、永康等地。2022年，浙江浙贝母种植5.9万亩，总产量1.4万吨，药材产值7.6亿元，浙贝母种植面积和产量均占全国的80%左右。多年来，各主产区农民不断探索、寻求浙贝母与其他作物轮套种栽培技术，涌现出浙贝母－甜玉米－秋大豆、浙贝母－西瓜、浙贝母－生姜、浙贝母－水稻等多种轮（套）作模式，磐安等地大面积推广浙贝母无硫加工等产地绿色加工技术，有效地推动了浙贝母标准化生产技术推广，提高了浙贝母产品质量和产量，增加了农民收入。

### 3.浙元胡

清康熙《新修东阳县志》（1678年）记载元胡（即延胡索）"生田中，虽平原亦种""生植最多，通行各处"。可见，东阳的农民已开始在农田中种植元胡。此时元胡已由"奚国"野生品种变迁为江浙的栽培品种，元胡种植始于茅山，后逐渐向南迁移至浙江北部的杭州笕桥，再向南迁移至浙江中部的东阳、磐安等地，这些地区成为现代道地产地和主产区。清道光《东阳县志》记载元胡等药材117种。民国二十一年（1932年），《东阳县志初稿》记载元胡"玉山（今磐安县玉山镇一带）、瑞山（今马宅镇一带）、兴贤（今南马镇一带）、乘骢（今横店镇、湖溪镇一带）皆种之""每年在二千箩以上，运销鄞、杭、绍"。

浙江东阳、磐安最近300年间一直大规模种植栽培元胡，供销全国乃至出口海外，为元胡的道地产地。各地临床使用的商品元胡多从浙江调入，东北地区也如此，为"南药北调"，浙江产元胡药材质量最佳，举世公认，为道地药材，常常供不应求，闻名中外。

清康熙《新修东阳县志》东阳元胡记载

中国元胡出浙江，浙江元胡产东阳。据清《东阳县志》记载，东阳在"唐朝末年就已种植元胡"（2004年《浙江省农业志》）。1948年《中国实业志》记载："元胡产地以东阳为中心，其区域包括磐安、永康、缙云几个县的交界处，直径50公里。"2002年"新世纪浙江特色农业丛书"将"东阳元胡"收入"区域性特种产业"。东阳元胡以"粒大色黄、质硬而脆"的独特品质闻名于世，含四氢帕马丁、甲素等15种成分，质量居全国之首，产量曾占全国元胡总产量七成以上。在浙江省中医药管理局等公布的首批浙江省道地药材目录中，东阳被列为浙元胡的核心区域，并且排在第一位。

东阳元胡种植历史悠久，在良种化、标准化、科技化种植等方面也发挥了较好的示范作用，独特的元胡－水稻轮作模式既能保障粮食安全，又能促进农民增收，带动农户1万多户，从业人员2万多人，已成为东阳农业的支柱产业之一。国家对中药材产业越来越重视，随着大健康产业的发展、中医药振兴发展重大工程和乡村振兴战略的实施，东阳元胡产业必将迎来更为广阔的发展前景。

东阳元胡种植基地

东阳元胡丰收场景

### 4. 铁皮石斛

铁皮石斛以茎入药，属补益药中的补阴药，益胃生津，滋阴清热。铁皮石斛的使用历史佐证了道地药材是由临床长期使用遴选出来的。

石斛始载于我国第一部药学专著《神农本草经》，被列为上品："味甘，平。主伤中，除痹，下气，补五脏虚劳、羸弱，强阴。久服，厚肠胃、轻身、延年。"其后的本草著作大多沿用该书记载。

《名医别录》记载："无毒。主益精，补内绝不足，平胃气，长肌肉，逐皮肤邪热痱气，脚膝疼冷痹弱。久服定志，除惊。"

南北朝陶弘景《本草经集注》记载："味甘，平。……生石上，细实，桑灰汤沃之，色如金，形似蚱蜢者为佳。""生栎树上者，名木斛，……，不入丸散，惟可为酒渍煮汤用尔。"

唐孙思邈《千金翼方》记载："味甘，平，无毒。主伤中，除痹下气，补五脏虚劳，羸弱，强阴，益精，补内绝不足，平胃气，长肌肉，逐皮肤邪热，痱气，脚膝疼冷痹弱。久服厚肠胃，轻身延年，定志除惊。"

铁皮石斛的道地性，首先与产地有关，历史上有产自江浙和广南之说，17世纪以来更强调以产自温州、台州为贵。广西《容县志》（1897年）记载，"都峤产者特良"（丹霞地貌型）。由于江苏、浙江、安徽、福建等地铁皮石斛资源被采挖殆尽，而人工种植技术瓶颈随着科研水平的不断提高被逐步突破，人工栽培铁皮石斛开始推广，浙江优良品种被引至云南，在云南适宜的气候条件下，铁皮石斛种植面积迅速扩大，逐渐形成了浙江与云南两大主要产区。《药材资料汇编》（1959年）中提到，20世纪50年代市场上形成以云南铁皮、贵州铁皮、广西铁皮为主的局面，铁皮石斛的分布很广，资源很丰富。《中华本草》[1]中也明确记载，铁皮石斛"又名黑节草（贵州、云南），铁皮兰（广西）……分布于广西、贵州、云南等地"。铁皮石斛的道地性还体现在生境方面，《神农本草经》记载的石斛之名体现了石生环境，多部本草著作记载"生石上"。《本草纲目》将铁皮石斛列为石草类。明代张三锡《医学六要》之"本草选"中，铁皮石斛被列入石草部，记载石斛的"道地"是"丛生石上"。石斛属植物有70多种，但生于潮湿岩壁和石缝者为数不多，铁皮石斛是其中之一。

金华种植铁皮石斛历史悠久，相传曾任唐高宗、武则天等五代皇帝的御医的养生大师叶法善晚年隐居于现金华市武义县西南山区（原宣平县）一带，为后人留下许多御用秘方，而金华铁皮石斛正是这些组方、遗方中的精华所

铁皮石斛种植基地

在。明代崇祯丙子年（1636年）修订的《宣平县志》（1958年，宣平县撤销建制并入武义县）记载："石斛，俗名吊兰……以沙石栽之或以物盛挂檐下，经年不死，俗名为千年润。"明确了金华区域铁皮石斛人工栽培已有370多年历史。

2022年年末，金华铁皮石斛人工栽培面积共3 949亩，产量579.5吨（干品），产值3.68亿元。主要种植区域为义乌（1 200亩）、武义（1 500亩）、磐安（800亩）、兰溪（120亩）、永康（100亩）、婺城（100亩）。

### 5.灵芝

古代灵芝以野生品种为主，在浙江已有6 800年的使用历史。明代，浙江已有栽培赤芝。历代本草著作记载赤芝生于霍山，从野生到栽培，在安徽逐渐形成了以金寨为中心的大别山椴木赤芝产地。历史还表明浙江和安徽是赤芝椴木栽培方式的发源地，以菌盖大、肥厚、坚实、有光泽者为佳，以此为标准来衡量赤灵芝是否道地，品质是否优良。因此，赤芝经过临床长期应用，形成了以浙江、安徽为中心的道地产区，该产区的赤芝被认为有独特的性状和疗效，品质佳，被认定为道地药材。

金华位于浙江省中部，古称婺州，境内的丹霞地貌景区和山地地质景观的岩壁、陡坡、缓坡、石缝等地方为半阴湿环境，存积腐殖质丰富，非常适宜灵芝的生长，因而成为灵芝原产地及主产区之一。金华境内生态和种质资源保护良好，因此，2015年全国第四次中药资源普查调查组在所属武义县大红岩、刘秀垄等多处的深山陡壁上发现较多野生灵芝生长。20世纪80年代，浙江灵芝人工栽培技术成功取得突破；20世纪90年代初，浙江开始发展灵芝熟料椴木仿生规模化生产，并实现产业化开发利用，培育形成了科研、种植、生产、加工、销售等系列产业链，成为全国灵芝的主产区和主销区。

灵芝种植

灵芝立体栽培

### 6.莲子

据2020版《中华人民共和国药典》记录，莲植株上的莲子心、莲须、莲房、荷叶都可入药，药性各不相同。莲子心：苦，寒。归心、肾经。清心安神，交通心肾，涩精止血。用于热入心包，神昏谵语，心肾不交，失眠遗精，血热吐血。莲须：甘、涩，平。归心、肾经。固肾涩精。用于遗精滑精，带下，尿频。莲房：苦、涩，温。归肝经。化瘀止血。用于崩漏，尿血，痔疮出血，产后瘀阻，恶露不尽。荷叶：苦，平。归肝、脾、胃经。清暑化湿，升发清阳，凉血止血。用于暑热烦渴，暑湿泄泻，脾虚泄泻，血热吐细，便血崩漏。荷叶炭收涩化瘀止血。用于出血症和产后血晕。

莲子在金华市武义县种植历史悠久，文化流传广泛。莲子的起源、种植历史都有流传至今的传说，武义宣莲传说被列入第八批金华市非物质文化遗产名录推荐项目名单。据传说推断，武义莲子发源地是武义县西联乡壶源村，始种于唐代显庆年间（656—661年），距今有1 300多年的历史。清代嘉庆年间（1796—1820年）被列为贡品。

武义县是"婺八味"——莲子主产区，种植面积1.2万亩。武义莲子注册有"武义宣莲"公共品牌商标。武义宣莲为"中国三大名莲"之一，以颗大粒圆、色泽乳白、质酥不糊、软糯可口、药用价值高等特点深受广大消费者青睐。武义宣莲先后获得地理标志证明商标、农产品地理标志认证，被评为浙江

莲子发源地

省优秀农产品区域公用品牌"最具历史价值十强品牌"，并入选全国乡村特色农产品目录和《中国品牌农业年鉴》等。

武义宣莲

### 7. 白术

白术（*Atractylodes macrocephala*）为菊科多年生草本植物，又称冬术、冬白术、于术、种术、山精、山连、山姜、山蓟、天蓟、乞力加等。早在先秦时期的《五十二病方》中已有关于白术的记载，东汉张仲景的《伤寒杂病论》中应用了白术。明清时期，诸医家倍加推崇浙江产的白术，尤其推崇於潜所产野生者。但白术用量大，野生白术难以满足需求，自明代开始人工栽培白术，浙江逐渐成为白术的道地产区。现浙江白术产量占全国总产量40%以上，且浙产白术个大，外观黄亮，结实沉重，清香诱人，药效显著，是著名特产药材之一。浙江产白术分布在四明山、天目山、天台山、括苍山等山脉的33个市（县），其中，新昌、嵊州、东阳、磐安、天台等市（县）所产白术称为浙东白术；杭州、临安、余杭所产白术称为杭白术。东阳、磐安所产者称"大山货"，个长形；新昌、嵊州所产者多为"小山货"，个形短圆；杭白术中产于临安的称"于术""鹤形鸡腿"，体重质实，品质特优。

目前浙江主要栽培品种为浙术1号（原名32-04），该品种由磐安县中药材研究所、浙江省中药研究所有限公司共同育成［审定编号：浙（非）审药2014003］。生育期为240～248天。开花期为9月中旬至11月中旬，瘦果倒圆锥形，被白色柔毛，具冠毛，污白色。商品根茎肥厚，娃形、鸡腿形等优形率高，表面黄棕色或灰黄色，横断面呈菊花芯，气清香、味甘、微辛。

### 8.金线莲

金线莲（又名金线兰）为兰科开唇兰属多年生草本植物，在我国主要分布在亚热带地区，主产于福建、浙江、台湾、江西、广东、广西等地，其株型小巧，叶形优美，叶脉金黄色呈网状排列，是极具观赏价值的室内观叶植物。历代本草古籍对金线莲记载较少，在闽台地区药用最为广泛，主要以全草入药，味甘、性平，具有清热凉血、除湿解毒的功效。现代药理研究也表明，金线莲药理活性确切，临床应用疗效好，且无毒副作用，使用安全，具有降血糖、降血脂、肝保护、抗炎、镇痛、利尿、镇静、降血压、抗氧化、改善骨质疏松等作用，得到市场高度重视。不同文献记载的金线莲名称见表1。

表 1 不同文献记载的金线莲名称

| 年份 | 出处 | 名称 |
|---|---|---|
| 1960 | 《福建野生药用植物》[1] | 金钱草、金蚕（平和）、金石松（南靖）、金不换（南平）、金线莲（德化） |
| 1962 | 《闽东本草》[2] | 什鸡单，金线屈腰、金线蕨龙、金线虎头椒 |
| 1970 | 《福建中草药》[3] | 鸟人参 |
| 1975 | 《全国中草药汇编》[4] | 金石松、金蚕、少年红、树草莲、鸟人参、金线虎头蕉、金线入骨消 |
| 1975 | 《浙南本草新编》[5] | 金线虎头蕉、鸟人参、金线入骨消、金线莲、金蚕、金石松、树草莲 |
| 1979 | 《福建药物志》[6] | 金线莲（通称）、金钱草（平和）、金线石松（龙海）、鸟人参（闽东、福州）金石蚕（诏安）、少年红（上杭） |
| 1979 | 《中药大辞典》[7] | 虎头蕉 |
| 1986 | 《广西药用植物名录》[8] | 金耳环、小叶金耳环（贺县）、金丝线（桂平县）、麻叶菜（鹿寨县） |
| 1993 | 《浙江植物志》[9] | 花叶开唇兰（金线兰）、浙江开唇兰（浙江金线兰） |
| 1999 | 《中华本草》[10] | 金丝线、金耳环、树草莲、鸟人参、金线虎头蕉、金线入骨消、金线草、金线石松、金石蚕、少年红、小叶金耳环、麻叶菜（广西） |

如今，开唇兰属中的金线兰（*Anoectochilus roxburghii*）、台湾银线兰（*Anoectochilus Formosanus*）、浙江金线兰（*Anoectochilus Zhejiangensis*）、滇越金线兰（*Anoectochilus chapaensis*）、峨眉金线兰（*Anoectochilus emeiensis*）等几个种统称为金线莲。近年来，国内外市场对金线莲需求量不断上升，市场缺口逐年加大，仅韩国、日本年均需求量就达1 000吨以上，且70%依赖进口，因此金线莲人工种植的规模迅速扩大，金线莲成为我国发展较快的中药材（新资源食品）之一。

我国台湾的金线莲产业起步较早，主要集中于台中、南投等地，生产单位包括企业、合作社和农场，大陆的金线莲人工栽培主要集中在福建、浙江、广东、云南等地，其他如广西、江西、贵州、江苏、湖北、安徽等地也有种植。2014年，全国金线莲出苗量约15亿株，年产金线莲鲜品2 500吨，年产值达30亿元，其中南靖、永安年产值突破5亿元[11-12]。金线莲产业规模不断扩大的同时，由于缺乏相关质量标准和严格的质量控制和检测指标，因此市场上产品质量参差不齐、以次充好、售假掺假的现象严重，2006年，福建制定金线莲中药材标准，2012年又制定金线莲中药饮片炮制规范；2018年，安徽、贵州等地相继制定金线莲相关标准，产业组织结构处于不断优化的状态。

不同栽培模式
A.设施立体栽培　B.单筐套袋式栽培　C.简易大棚栽培　D.林下原地栽培

　　随着福建、安徽、贵州等省份陆续将金线莲列入中药材标准和炮制规范目录，近年来，金线莲栽培规模迅速扩大。但目前，金线莲在很多地方尚未进入省级炮制规范目录和相关食品标准，只能作为初级农产品销售，严重制约着省域金线莲产业的规模化发展。

　　2022年，浙江生产金线莲面积2 000多亩，组培繁育企业有7家，出苗种苗量约2亿余株，初步形成了金华、杭州、温州、台州等产业集聚区。生产模式主要为设施栽培和林下仿野生栽培，其中设施栽培300多亩，亩产鲜品180～210千克，亩产干药材19.5千克；林下仿野生栽培面积1 568亩，亩产鲜品80～100千克，亩产干药材12千克。

**参考文献**

R E F E R E N C E

[1] 福建省林业科学研究所. 福建野生药用植物 [M]. 福州：福建人民出版社，1960.

[2] 福建省闽东本草编辑委员会. 闽东本草：第1集 [M]. 福州：福建省闽东本草编辑委员会，1962.

[3] 福建省医药研究所. 福建中草药 [M]. 福州：福建省医药研究所，1970.

[4]《全国中草药汇编》编写组. 全国中草药汇编：上册 [M]. 北京：人民卫生出版社，1975.

[5]《浙南本草新编》编写组. 浙南本草新编 [M]. 温州：浙江温州地区卫生局，1975.

[6] 福建省医药研究所. 福建药物志：第1册 [M]. 福州：福建人民出版社，1979.

[7] 江苏新医学院. 中药大辞典 [M]. 上海：上海科学技术出版社，1979.

[8] 广西壮族自治区中医药研究所. 广西药用植物名录 [M]. 南宁：广西人民出版社，1986.

[9]《浙江植物志》编辑委员会. 浙江植物志 [M]. 杭州：浙江科学技术出版社，1993.

[10] 国家中医药管理局《中华本草》编委会. 中华本草 [M]. 上海：上海科学技术出版社，1999.

[11] 洪琳，邵清松，周爱存，等. 金线莲产业现状及可持续发展对策 [J]. 中国中药杂志，2016, 41(3): 553-558.

[12] 汤珺琳. 福建省金线莲产业化现状及市场开发策略分析 [D]. 福州：福建农林大学，2016.

图书在版编目（CIP）数据

衢六味中药材栽培技术 / 朱卫东等主编. —北京：
中国农业出版社，2024.1
ISBN 978-7-109-31665-2

Ⅰ.①衢… Ⅱ.①朱… Ⅲ.①药用植物－栽培技术
Ⅳ.①S567

中国国家版本馆CIP数据核字（2024）第011725号

中国农业出版社
地址：北京市朝阳区麦子店街18号楼
邮编：100125
责任编辑：李昕昱
版式设计：李　文　　责任校对：吴丽婷　　责任印制：王　宏
印刷：北京通州皇家印刷厂
版次：2024年1月第1版
印次：2024年1月北京第1次印刷
发行：新华书店北京发行所
开本：700mm×1000mm　1/16
印张：4
字数：65千字
定价：58.00元